伟晶岩型铝硅酸盐矿物晶体各向异性及其浮选应用

徐龙华　胡岳华　董发勤　孙　伟　著

北　京

冶　金　工　业　出　版　社

2017

内 容 提 要

本书针对锂辉石与云母、长石等伟晶岩型铝硅酸盐矿物的浮选分离困难问题，从晶体化学和界面化学方面系统阐述了伟晶岩型铝硅酸盐矿物晶体表面各向异性与浮选行为的关系。重点介绍了矿物与油酸钠作用的各向异性在浮选分离中的应用、高效阴阳离子组合捕收剂与铝硅酸盐矿物的界面作用。基于理论研究成果，开发出"阶段磨矿阶段选别-组合捕收剂强化浮选分离"的选别工艺综合回收云母、锂辉石和长石的技术。

本书适合选矿行业，特别是从事浮选理论、浮选晶体化学、浮选界面化学等领域的生产技术人员、研究人员，以及高校师生参考和使用。

图书在版编目（CIP）数据

伟晶岩型铝硅酸盐矿物晶体各向异性及其浮选应用/徐龙华等著．—北京：冶金工业出版社，2017.7
ISBN 978-7-5024-7476-8

Ⅰ．①伟…　Ⅱ．①徐…　Ⅲ．①铝硅酸盐—矿物晶体—浮游选矿　Ⅳ．①TD923

中国版本图书馆 CIP 数据核字（2017）第 098923 号

出　版　人　谭学余
地　　　址　北京市东城区嵩祝院北巷 39 号　邮编　100009　电话　（010）64027926
网　　　址　www.cnmip.com.cn　电子信箱　yjcbs@cnmip.com.cn
责任编辑　常国平　美术编辑　彭子赫　版式设计　孙跃红
责任校对　禹　蕊　责任印制　李玉山
ISBN 978-7-5024-7476-8
冶金工业出版社出版发行；各地新华书店经销；三河市双峰印刷装订有限公司印刷
2017 年 7 月第 1 版，2017 年 7 月第 1 次印刷
169mm×239mm；10.25 印张；201 千字；154 页
45.00 元

冶金工业出版社　投稿电话　（010）64027932　投稿信箱　tougao@cnmip.com.cn
冶金工业出版社营销中心　电话　（010）64044283　传真　（010）64027893
冶金书店　地址　北京市东四西大街 46 号（100010）　电话　（010）65289081（兼传真）
冶金工业出版社天猫旗舰店　yjgycbs.tmall.com
（本书如有印装质量问题，本社营销中心负责退换）

前　言

　　伟晶岩被称作是稀有金属之家、宝石之库。与伟晶岩有关的稀有金属矿产很多，包括锂、铍、铌、钽、锡等重要战略稀有金属。其中的锂作为能源金属，广泛应用于计算机、数码相机、手机、新能源汽车等数码或移动产品的电池中。由于目前我国的高锂镁比卤水提锂技术还未达到工业化生产的水平，现有锂原料主要来自伟晶岩型锂辉石。我国锂辉石资源十分丰富，但开采量只占全球总产量的5%。中国的锂电池生产企业似乎正在重复着钢铁企业曾经走过的路：守着丰富的矿产资源，却又严重依赖进口。导致这种局面的原因主要是受矿石性质复杂、开发难度大等因素制约，锂辉石矿加工成本一直居高不下，综合经济效益较差，资源优势尚未转化为经济优势。为了满足国内对锂的需求，减少锂资源的对外依存，我们应当对锂辉石矿选矿技术进行创新和突破。四川康定甲基卡、马尔康地区的锂铍矿和新疆可可托海的锂矿等为著名的伟晶岩矿脉。伟晶岩型锂辉石矿浮选体系，主要实现锂辉石与云母、长石等铝硅酸盐矿物的浮选分离。对于伟晶岩型铝硅酸盐矿物浮选体系，由于上述主要矿物的表面活性质点均为 Al^{3+}，表面性质差异性小，可浮性相近，与浮选药剂作用的选择性差，一直是矿物加工领域的世界性难题，所以研究伟晶岩型铝硅酸盐矿物的浮选分离具有重要的理论和实践意义。

　　本书针对伟晶岩型铝硅酸盐矿物晶体结构复杂、表面化学性质相似、与药剂作用选择性差的特点，以矿物晶体结构特征为切入点，从分子-原子微观尺度开展伟晶岩型铝硅酸盐矿物晶体表面化学性质（矿物的化学键性质、断裂键性质、润湿性、表面电性等）的各向异性研究；基于矿物晶体表面与油酸钠作用的各向异性，揭示不同粒级伟晶岩型铝硅酸盐矿物的浮选行为差异性机制，以期指导选择性磨矿；利用阴阳离子组合捕收剂来强化浮选分离伟晶岩铝硅酸矿物，并系统研究阴阳离子组合捕收剂与伟晶岩铝硅酸矿物的界面作用；基于理论研究成果，开发出川西伟晶岩型锂辉石矿"阶段磨矿阶段选别-组合捕收剂强化浮选分离"的选别工艺综合回收云母、锂辉石和长石的技术。本研究对解决我国复杂伟晶岩型锂辉石矿的浮选分离技术难题，进一步提高我国锂等稀有金属资源的保障程度和综合利用率，都有重要的理论意义和实际指导价值。同时在一定程度上可以丰富浮选晶体化学和浮选界面化学理论，为其他难选硅酸盐矿物的浮选分离提供理论参考和借鉴。

　　本书的研究工作获得了国家自然科学基金（51674207、51304162）和矿物加工科学与技术国家重点实验室开放课题（BGRIMM-KJSKL-2016-03）的资助，在此表示感谢。感谢中南大学资源加工与生物工程学院、蒋昊副教授、高志勇副教授等给予实验方法和数据分析的指导。中国地质科学院矿产综合利用研究所的杨耀辉博士、曾小波高级工程师及邓伟博士在原矿工艺矿物学研究及实际矿石选别过程中给予很多帮助和指导，在此表示衷心的感谢。西南科技大学环境与资源学院的刘璟教授、王振博士、王进明博士、张海阳博士和谭道永博士等人提出的很好的意见，同时研究生田佳同学也做了大量实验工作，一并表示感谢。

　　由于作者知识水平所限，难免存在不妥之处，敬请广大读者批评、指正。

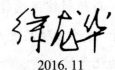

2016. 11

目　录

1　绪论 ……………………………………………………………………… 1

1.1　伟晶岩型锂辉石矿资源概述 ……………………………………… 1

1.2　伟晶岩型锂辉石矿浮选研究现状 ………………………………… 3

1.3　铝硅酸盐矿物晶体化学与可浮性关系概述 ……………………… 4

1.4　铝硅酸盐矿物晶体化学性质的各向异性 ………………………… 6

1.5　铝硅酸盐矿物与药剂作用的各向异性 …………………………… 8

1.6　组合捕收剂浮选矿物的作用机理概述 …………………………… 9

　1.6.1　表面活性剂复配的基本性质 ………………………………… 10

　1.6.2　组合捕收剂浮选矿物的作用机理研究 ……………………… 11

1.7　组合捕收剂在矿物浮选中的应用 ………………………………… 13

　1.7.1　脂肪酸类捕收剂与阳离子捕收剂的组合使用 ……………… 13

　1.7.2　脂肪酸类捕收剂与其他阴离子捕收剂的组合使用 ………… 14

　1.7.3　脂肪酸类捕收剂与螯合捕收剂的组合使用 ………………… 14

　1.7.4　脂肪酸类捕收剂与非离子型表面活性剂的组合使用 ……… 14

参考文献 ………………………………………………………………… 15

2　铝硅酸盐矿物浮选晶体化学基础 ………………………………… 23

2.1　矿物晶体的定义 …………………………………………………… 23

2.2　矿物晶体的性质 …………………………………………………… 24

　2.2.1　自限性 ………………………………………………………… 24

　2.2.2　均一性 ………………………………………………………… 25

　2.2.3　各向异性 ……………………………………………………… 25

　2.2.4　对称性 ………………………………………………………… 26

　2.2.5　内能最小性 …………………………………………………… 26

　2.2.6　稳定性 ………………………………………………………… 27

2.3　晶体的分类 ………………………………………………………… 27

2.4　单形和聚形 ………………………………………………………… 29

　2.4.1　单形的定义 …………………………………………………… 29

　2.4.2　结晶单形与几何单形 ………………………………………… 29

2.4.3　单形的分类 ……………………………………………… 32

2.4.4　聚形 ……………………………………………………… 34

2.5　晶体定向和晶面符号 …………………………………………… 34

2.5.1　晶体定向和晶体常数 ……………………………………… 34

2.5.2　晶面符号 …………………………………………………… 36

2.6　矿物的解理 ……………………………………………………… 38

2.6.1　矿物的价键类型 …………………………………………… 38

2.6.2　矿物的解理、裂开和端口 ………………………………… 39

2.6.3　矿物的断裂面 ……………………………………………… 40

2.7　铝硅酸盐矿物晶体化学基本原理 ……………………………… 42

2.7.1　鲍林规则 …………………………………………………… 42

2.7.2　铝硅酸盐矿物的分类 ……………………………………… 46

2.7.3　Al 和 O 在铝硅酸盐矿物中的作用 ……………………… 53

参考文献 ………………………………………………………………… 54

3　伟晶岩型铝硅酸盐矿物晶体结构的各向异性 …………………… 56

3.1　伟晶岩型铝硅酸盐矿物的晶体结构 …………………………… 56

3.1.1　锂辉石的晶体结构 ………………………………………… 56

3.1.2　长石的晶体结构 …………………………………………… 58

3.1.3　白云母的晶体结构 ………………………………………… 60

3.2　伟晶岩型铝硅酸盐矿物晶体结构中化学键特征 ……………… 62

3.2.1　化学键特征的理论计算 …………………………………… 62

3.2.2　伟晶岩型铝硅酸盐矿物碎磨后表面特性预测分析 ……… 64

3.3　伟晶岩型铝硅酸盐矿物各晶面的表面能计算 ………………… 65

3.4　伟晶岩型铝硅酸盐矿断裂键的各向异性 ……………………… 68

3.4.1　锂辉石晶体断裂键的各向异性 …………………………… 69

3.4.2　钠长石晶体断裂键的各向异性 …………………………… 72

3.5　伟晶岩型铝硅酸盐矿物表面润湿性的各向异性 ……………… 74

3.6　伟晶岩型铝硅酸盐矿物表面电性的各向异性 ………………… 78

3.7　本章小结 ………………………………………………………… 80

参考文献 ………………………………………………………………… 81

4　油酸钠与伟晶岩型铝硅酸盐矿物表面作用的各向异性 ………… 83

4.1　单矿物试样的制备 ……………………………………………… 83

4.2　实验试剂和仪器 ………………………………………………… 85

4.3 实验方法 ··· 87
　4.3.1 浮选试验 ··· 87
　4.3.2 Zeta 电位的测定 ·· 87
　4.3.3 红外光谱分析 ··· 88
　4.3.4 扫描电镜分析（SEM） ·· 88
　4.3.5 吸附量的测定 ··· 88
　4.3.6 X 射线光电子能谱分析 ·· 89
　4.3.7 荧光光谱分析 ··· 89
　4.3.8 分子动力学模拟 ··· 90
4.4 全粒级伟晶岩型铝硅酸盐矿物在油酸钠作用下的浮选行为 ········ 90
4.5 不同粒级伟晶岩型铝硅酸盐矿物在油酸钠体系作用下的浮选行为 ··· 92
　4.5.1 不同粒级锂辉石的浮选行为 ···································· 93
　4.5.2 不同粒级钠长石的浮选行为 ···································· 94
4.6 油酸钠在伟晶岩型铝硅酸盐矿物表面的吸附机理研究 ············ 95
　4.6.1 动电位研究 ·· 95
　4.6.2 红外光谱分析 ··· 97
4.7 油酸钠与伟晶岩型铝硅酸盐矿物作用的分子动力学模拟 ·········· 98
　4.7.1 铝硅酸盐矿物晶体及药剂分子建模及优化 ···················· 98
　4.7.2 矿物表面-浮选剂相互作用的吸附能 ························· 100
　4.7.3 油酸钠在锂辉石表面的吸附构型 ··························· 102
4.8 油酸钠作用后伟晶岩型铝硅酸盐矿物表面润湿性的各向异性 ····· 104
4.9 油酸钠在不同粒级伟晶岩型铝硅酸盐矿物表面的吸附行为 ········ 105
4.10 不同粒级矿物浮选行为差异性的机理 ························· 107
　4.10.1 不同粒级矿物解理面性质与其浮选行为差异性 ·············· 107
　4.10.2 不同粒级矿物解理面性质与其浮选行为差异性的表面分析 ··· 110
4.11 基于伟晶岩型铝硅酸盐矿物晶体表面各向异性的选择性磨矿
　　 初探 ··· 112
4.12 本章小结 ·· 114
参考文献 ·· 115

5 阴阳离子组合捕收剂与伟晶岩型铝硅酸盐矿物的界面作用 ············ 117
5.1 阴阳离子组合捕收剂的表面性质 ································ 117
　5.1.1 组合捕收剂的表面张力与浓度的关系 ······················ 117
　5.1.2 组合捕收剂的微极性分析 ································· 119
5.2 阴阳离子组合捕收剂在气-液界面上的协同作用 ················ 120

5.3　阴阳离子组合捕收剂浮选伟晶岩型铝硅酸盐矿物 …………………… 121

　　5.3.1　阴阳离子组合捕收剂浮选分离白云母 …………………………… 121

　　5.3.2　阴阳离子组合捕收剂浮选分离锂辉石与钠长石 ……………… 123

5.4　阴阳离子组合捕收剂与锂辉石和钠长石选择性作用机理 ………… 125

　　5.4.1　组合捕收剂的浮选溶液化学 ……………………………………… 125

　　5.4.2　组合捕收剂对锂辉石和钠长石表面电位的影响 ……………… 126

　　5.4.3　组合捕收剂在锂辉石和钠长石表面吸附产物分析 …………… 128

5.5　阴阳离子组合捕收剂在白云母-水界面上的组装协同作用 ……… 129

　　5.5.1　组合捕收剂对矿物表面润湿性的影响 ………………………… 129

　　5.5.2　组合捕收剂对矿物表面电荷的影响 …………………………… 131

　　5.5.3　组合捕收剂在矿物表面的吸附行为 …………………………… 132

　　5.5.4　组合捕收剂与矿物表面相互作用能的模拟计算 ……………… 133

5.6　本章小结 ………………………………………………………………… 133

参考文献 …………………………………………………………………………… 135

6　川西伟晶岩型锂辉石矿强化浮选分离工艺试验研究 ……………………… 137

6.1　川西伟晶岩型锂辉石矿工艺矿物学特性 …………………………… 137

　　6.1.1　矿石的化学成分 …………………………………………………… 137

　　6.1.2　矿石的矿物成分 …………………………………………………… 138

　　6.1.3　矿石中主要矿物的工艺特征 …………………………………… 139

　　6.1.4　分析影响锂辉石回收的矿物学因素 …………………………… 143

6.2　选择性磨矿试验 ……………………………………………………… 143

　　6.2.1　钢球配比制度的理论计算确定 ………………………………… 143

　　6.2.2　磨矿时间的确定 …………………………………………………… 145

　　6.2.3　磨矿浓度的确定 …………………………………………………… 146

　　6.2.4　钢球充填率的确定 ………………………………………………… 147

6.3　锂辉石磨矿—浮选工艺流程方案对比 ……………………………… 148

　　6.3.1　连续磨矿—脱泥—浮选工艺试验 ……………………………… 148

　　6.3.2　一段磨矿—粗粒浮选云母—尾矿再磨—脱泥—浮选锂辉石

　　　　　工艺试验 ……………………………………………………………… 149

　　6.3.3　一段磨矿—脱泥—浮选云母—锂辉石粗选—粗精矿再磨精选

　　　　　工艺试验 ……………………………………………………………… 151

6.4　尾矿回收长石的选矿工艺流程试验 ………………………………… 152

6.5　本章小结 ………………………………………………………………… 154

参考文献 …………………………………………………………………………… 154

1 绪 论

铝硅酸盐矿物是硅酸盐矿物中结构最复杂的一类矿物且种类繁多，在矿石中它有时以脉石的形式（长石等）存在，影响有用矿物的分离；有时又是用来提取稀有金属（锂、铍等）的主要原料和重要的工业原料。此外，随着矿山开发年限的增长和矿石综合利用率的提高，矿石中的有用矿物含量越来越低，铝硅酸盐矿物种类和共生关系也趋于复杂。因而基于矿物颗粒表面性质差异的分离工艺——浮选法对铝硅酸盐矿物的分离显得越来越重要。在伟晶岩锂辉石浮选体系中，主要是要实现有用矿物锂辉石与脉石矿物长石和云母等伟晶岩型铝硅酸盐矿物分离。这类铝硅酸盐矿物晶体结构复杂，结构单位层均由铝氧八面体和硅氧四面体组成，其表面化学性质相似，表面活性质点皆主要为 Al^{3+}，与传统脂肪酸类捕收剂作用的选择性差，致使浮选分离难度大，因此伟晶岩型铝硅酸盐矿物之间的浮选分离是当今矿物加工领域的难题之一。长期以来，针对铝硅酸盐矿物浮选，国内外开展了大量的研究工作，主要集中在铝硅酸盐矿物的晶体结构与表面特性之间关系以及捕收剂捕收性能的强化（组合用药）等方面。

1.1 伟晶岩型锂辉石矿资源概述

伟晶岩被称作是稀有金属之家、宝石之库。与伟晶岩有关的稀有金属矿产很多，包括锂、铍、铌、钽、锡等重要战略稀有金属[1,2]。K. A. 弗拉索夫根据花岗伟晶岩矿床中矿物的共生关系和结构特征，将伟晶岩矿床分为 5 个类型：文象和等粒型伟晶岩、块状型伟晶岩、完全分异型伟晶岩、稀有金属交代型伟晶岩、长石-锂辉石型伟晶岩。长石-锂辉石型伟晶岩主要由钠长石（$Na[AlSi_3O_8]$）、锂辉石（$LiAl[Si_2O_6]$）、石英（SiO_2）、云母（$KAl_2[AlSi_3O_{10}](OH)_2$）和大量稀有金属元素矿物构成[3,4]。一般把锂辉石、云母和长石等矿物称为伟晶岩型铝硅酸盐矿物。其中，锂辉石和云母等是具有工业利用价值的铝硅酸盐矿物，长石等则是大部分金属以及非金属矿石的脉石矿物。

锂辉石，理论上含 Li_2O 8.03%、Al_2O_3 27.4%、SiO_2 64.6%，作为锂化学制品的主要原料，广泛应用于锂化工、玻璃、陶瓷行业，享有"工业味精"的美誉[5]。锂是一种重要的能源金属，1/4 的锂用来储存能量，在原子能、宇航等热核反应中也有所应用，被称为"推动世界进步的能源金属"、"能源生命金属"、"21 世纪新能源"，具有极高的战略价值，对社会的发展与进步具有重要作用[6]。

锂被称为"白色石油"，锂资源具有非常重要的战略价值，锂资源储备和提锂技术直接影响到国家的战略安全，在前美国总统奥巴马的能源战略里，已经把锂排在铀的前面。有一种说法，石油和稀土之后的下一个资源王者就是锂。虽然我国能源资源禀赋决定了煤炭消费比重很高，但在清洁环保大趋势下，需要有新的动能驱动经济社会发展。新能源是能源革命的重要突破口，大力发展以锂资源为基础的新能源，有利于我国突破资源瓶颈，转变发展方式，占领新一轮国际竞争的制高点[7,8]。当前，随着锂离子电池的广泛使用，锂原料的需求不断增加，我国金属锂的消费需求将以每年 25%的速度快速增长，其生产规模会得到迅猛发展，锂矿石及锂盐面临着良好的市场机遇[9,10]。

目前世界上两种最主要的锂资源：一是来自盐湖里的氯化锂；二是伟晶岩中的锂辉石矿。据美国地质调查局 2016 年最新统计，世界已查明的锂资源量约为4099 万吨，储量约为 1400 万吨[11]。从分布来看，主要分布在南美洲和亚洲（约70%），重要富集地为南美洲"锂三角"（玻利维亚、阿根廷、智利）。我国探明的金属锂资源量为 510 万吨，储量 320 万吨，总储量居世界第二位，其中卤水锂盐占总储量的 79%。虽然拥有丰富的资源储量，但我国锂产品加工原料对外依存度很高。其中，进口锂矿石加工占比 66%；进口高浓度卤水加工占比 18%。以 2014 年锂辉石为例，进口量为 33 万吨，国内产量仅约 2 万吨，锂资源严重依赖进口[12]。

中国的锂电池生产企业似乎正在重复着钢铁企业曾经走过的路：守着丰富的矿产资源，却又严重依赖进口[13,14]。目前国外大多是采用低成本的卤水提锂，而我国储量丰富的卤水锂基本上没有得到工业规模利用，其主要原因是盐湖卤水中含镁较高，Mg/Li 一般大于 40（国外如智利阿塔卡马盐湖仅 6.47）[15,16]，镁锂难以分离。此外，我国盐湖地区自然条件恶劣，开发难度较大，投资盐田建设的费用高，锂产品产出率低，卤水提锂的工艺技术还未获得突破和完善[17]。这些问题严重阻碍了我国卤水提锂在实际生产中的大规模应用，2009 年我国盐湖卤水提取碳酸锂仅占当年全部碳酸锂产量的 25%，大部分仍然是从矿山锂资源中提取的锂精矿产品加工而成[18,19]，因此为满足国内对锂的需求，在卤水提锂还没有大规模生产时，矿石锂资源仍然是未来我国相当长一个时期内的重要提锂来源。

伟晶岩型锂辉石矿是最主要的有经济开发价值的锂矿资源。我国这种锂辉石矿资源储量较为丰富，分布较为集中，主要分布在四川、新疆、江西、湖南等 7个省区，主要集中在四川和新疆地区。其中，四川省锂辉石矿储量占我国锂辉石矿总储量的 60%以上，基本分布在四川甘孜藏族自治州、阿坝藏族羌族自治州两地[20]。我国主要伟晶岩型锂矿床有：四川甘孜州呷基卡锂铍矿、四川金川-马尔康可尔因锂铍矿、新疆富蕴可可托海锂铍钽铌矿、新疆富蕴柯鲁木特锂铍钽铌矿、江西宜春钽铌锂矿、湖南临武香花铺尖峰山锂铌矿等[21]，见表1-1。川西两州锂矿具备大规模开发的条件，但矿山自然环境恶劣，海拔高，基础设施配套差，开采难度大，尾矿处理难度大，环保问题对开发影响大。整体上我国锂矿受矿石性质（锂品位比较低以及嵌布粒度细等）、开发难度、选矿工艺等因素制约，锂辉石矿石加工成本一直居高不下，综合经济效益较差，资源优势尚未转化为经济优势[22]。

表 1-1　我国锂资源储量　（万吨）

产地	主要矿物	储量	基础储量	资源量	查明资源储量
四川	锂辉石	14.74	16.44	38.75	54.81
新疆	锂辉石	0.52	1.66	1.26	2.90
福建	锂辉石	—	—	0.20	0.20
山西	锂辉石	—	—	0.02	0.02
江西	锂云母	23.6	26.30	3.42	29.60
河南	锂云母	0.17	0.23	0.33	0.56
湖南	锂云母	0.06	0.09	16.72	16.66
湖北	地下卤水	—	—	50.54	50.54
青海	盐湖卤水	297.37	310.00		350.00
西藏	盐湖卤水	47.15	168.26		200.00
合计		383.61	522.98	111.24	705.29

1.2　伟晶岩型锂辉石矿浮选研究现状

目前，在锂辉石矿浮选的基础理论、分选工艺等多个方面都取得了一些成果，重点体现在锂辉石矿浮选药剂方面。根据国内外文献调研发现，伟晶岩型锂辉石矿有用矿物嵌布粒度粗，浮选工艺简单，基本上采用一次磨矿和一粗三精二扫的浮选作业就可达到指标。关于锂辉石反浮选的工艺研究较少，这可能与原矿中锂辉石含量及品位不高有关；在阴离子捕收剂正浮选研究方面，传统单一捕收剂难以满足锂辉石与其他脉石矿物的浮选分离，联合用药是新的方向发展；在新型捕收剂研究方面，主要集中在多基团的螯合捕收剂和两性捕收剂等方面。

目前锂辉石浮选主要为正浮选，在 NaOH 形成的高碱性介质（pH = 11 ~ 12）中，再辅助添加 Na_2CO_3、脂肪酸或皂盐作为捕收剂。控制好 NaOH 用量、搅拌时间等因素，使矿浆中的硅酸盐矿泥变为形成一定量的 Na_2SiO_3。这些"自生水玻璃"本身就是一种无机调整剂，可提高锂辉石的选择性[23]。

在混合药剂方面，赵云等[24]采用氧化石蜡皂和妥尔油联合作捕收剂浮选江西某花岗伟晶岩锂辉石矿，得到了较好的指标，解决了回收率低的问题。孙蔚等[25]采用氧化石蜡皂和环烷酸皂做混合捕收剂,对四川某地伟晶岩型锂辉石(Li₂O 品位 1.42%)进行了浮选试验研究,最终获得精矿 Li₂O 品位 6.04%,回收率 85.88%的良好指标。刘宁江[26]针对新疆可可托海稀有矿 V26、V38 矿体锂辉石进行了浮选试验研究,采用强搅拌擦洗脱泥,在中性偏弱碱条件下用阳离子捕收剂配合起泡剂浮选云母,然后用碳酸钠、氢氧化钠组合调整剂调浆,使 pH 值为 10.5~11.5,用氧化石蜡皂和环烷酸皂混合捕收剂浮选锂辉石,获得了 5.65%~6.37%的锂辉石精矿,回收率为 80.77%的良好指标。赵开乐[27]等在对锂辉石矿石工艺矿物学特征研究的基础上,采用预先沉降脱泥的方式和添加新型组合捕收剂 SD-5,采用"一粗两扫三精"及中矿顺序返回的闭路流程,获得了 Li2O 品位为 6.12%、回收率达 86.01%锂辉石精矿。于福顺等[28]研制出阴阳离子组合捕收剂 YAC 应用于锂辉石的浮选,浮选效果明显优于油酸钠、氧化石蜡皂等阴离子捕收剂,并成功应用于工业生产;对于原矿 Li₂O 品位为 1.48%左右的锂辉石矿,获得 Li₂O 品位为 5.59%精矿,回收率可达 85%以上。

在锂辉石浮选新药剂的开发方面,任文斌等[29]对新疆可可托海某锂辉石尾矿进行了再回收锂试验,采用羟肟酸代替原来的氧化石蜡皂做捕收剂,锂辉石精矿品位(Li₂O)从 2.30%提升到了 5.80%。王毓华等[30]利用新型两性捕收剂 YOA-15 浮选锂辉石取得了较脂肪酸类捕收剂更好的效果。何建璋[31]采用 YZB-17 浮选锂辉石,试验也发现较氧化石蜡皂选择性更强,浮选指标明显提高。但这些药剂大多为选择性好的螯合捕收剂,其价格昂贵,导致生产成本高。

1.3 铝硅酸盐矿物晶体化学与可浮性关系概述

矿物晶体化学,是研究矿物晶体成分与晶体结构以及它们与矿物晶体物理化学性质之间关系的科学。伴随着矿物学、晶体学、固体物理学、物理化学、量子化学等学科发展以及 X 射线分析、电子扫描电镜、原子力显微镜以及分子动力学模拟等手段的飞速发展,矿物晶体结构的缺陷、矿物表面空间结构和原子配位情况等结构、矿物表面反应性等矿物表面物理化学性质研究越来越深入,矿物晶体化学已成为研究浮选理论的重要部分。

铝硅酸盐矿物的可浮性与矿物解理后表面暴露元素的数量、种类密切相关,而这直接取决于矿物的晶体结构及断裂特征[32]。不同结构类型铝硅酸盐矿物解理时 Si—O 键和 Al—O 键的断裂程度、Al^{3+} 对 Si^{4+} 的替代程度及 Al 的配位方式、矿物的化学组成及矿物的解理程度等晶体化学特征的差异,导致矿物表面电性(包括零电点),暴露于矿物表面的阴阳离子的种类、性质和相对含量,表面多价金属阳离子对于阴离子的相对密度($\sum M^{n+}/\sum O^{2-}$),表面金属阳离子的溶解度及表面键合羟基的能力等诸多表面特性的不同,从而对铝硅酸盐的浮选产生影响[33]。

Manser 和 Fuerstenau 等[34,35]对铝硅酸矿物晶体化学与可浮性关系做了系统总结。他们认为：铝硅酸盐矿物的表面性质直接取决于它的晶体化学，由此可确定表面断裂键的种类和强弱。铝硅酸盐矿物的解理一般都在阳离子，例如 Al^{3+}、Na^+、K^+、Li^+ 等占优势的表面产生，而在 $[SiO_4]$ 四面体中 Si—O 键很少断裂，故铝硅酸盐矿物表面一般都有很强的亲水性，由于金属阳离子的溶解，也使其零电点较其他矿物低。

孙传尧、印万忠对铝硅酸矿物晶体化学与可浮性关系进行了广泛深入的研究[36~38]。他们选择了能代表岛状、环状、单链、双链、层状、架状五种结构并且是同一矿体的几种铝硅酸盐矿物——铁铝石榴子石、绿柱石、锂辉石、锂云母、长石等作为研究对象，选择油酸钠、十二胺作捕收剂，分别探讨了当不加任何调整剂时矿物的可浮性与晶体化学关系；多价金属阳离子对硅酸盐矿物可浮性的影响与晶体化学的关系；无机阴离子调整剂对硅酸盐矿物可浮性的影响及晶体化学分析；有机抑制剂对硅酸盐矿物可浮性影响；不同颜色锂辉石可浮性差异及与晶体化学关系等问题。他们认为岛状结构铝硅酸盐矿物铁铝石榴子石、蓝晶石解理时 Fe^{2+}、Al^{3+} 占优势，Si—O 键的断裂程度较低，故该类矿物解理后表面存在高价阳离子区，高价金属阳离子的相对密度（金属离子之和与氧原子和之比）均高于其他结构类型矿物，矿物在水溶液中零电点高，易于油酸钠在矿物表面的吸附；又由于 Si^{4+}、Al^{3+}、Fe^{2+} 都易键合 OH^-，使矿物表面带负电，故也可用阳离子捕收剂十二胺获得很好的可浮性。环状铝硅酸盐矿物绿柱石解理时，有可能垂直环平面或沿上下环间断裂，因此 Be—O、Al—O 键能发生断裂，Si—O 键也有一定程度的断裂，故表面暴露金属阳离子 Be^{2+}、Al^{3+} 及 Si^{4+}，金属阳离子键合 OH^- 而使矿物表面带负电。由于解理时部分环的破裂而使环之间 Na^+ 暴露并溶于水中与 H^+ 离子交换，H^+ 吸附于矿物表面氧区而增加了矿物表面负电荷，而高价金属阳离子对阴离子相对密度不高，故与岛状结构矿物相比零电点低，用油酸钠作捕收剂时尽管可与表面部分金属离子作用而具有一定可浮性，但较岛状结构硅酸盐差；而用十二胺可获得较好可浮性。链状铝硅酸盐矿物锂辉石解理时 Li—O 键大量断裂，Al—O 键断裂相对较少，Si—O 键有少量断裂，解理后表面大量暴露 Li^+，少量 Al^{3+}、Si^{4+}。表面 Li^+ 易溶于水与 H^+ 置换而使 H^+ 吸附于氧区，Al^{3+}、Si^{4+} 能键合水中 OH^-，金属离子与阴离子相对密度较小，故锂辉石零电点低、负电性很高，用阳离子捕收剂十二胺浮选可获得较好可浮性，而用阴离子捕收剂油酸钠浮选的可浮性差。层状结构矿物锂云母解理时沿层间断裂，故大半径的碱金属离子得到暴露，这些阳离子溶解于水后，与水中 H^+ 发生交换，使 H^+ 吸附于表面氧区。由于锂云母为片状构造，因此 H^+ 可大面积吸附在矿物表面。由于 Al 对 Si 的取代，也必然使矿物表面带有更多的负电荷，因此该矿物零电点极低，用油酸钠浮选时锂云母完全不浮，用十二胺浮选时，在较宽 pH 值范围内均可以完全回收。长石解理时，Si—O、Al—O 键断裂，使 Si^{4+}、Al^{3+} 及补偿电荷的 K^+、Na^+ 在矿物表面暴露，K^+、Na^+ 易溶于水与 H^+ 交换，Si^{4+}、Al^{3+} 可键合 OH^-，可使表面带负电，表面高价金属阳离子对于阴离子相对密度很小，故易用十二胺浮选而难以用油酸钠浮选。

印万忠等[39]通过对高岭石和一水硬铝石的晶体结构分析以及通过化学键的理论计算，结果发现一水硬铝石解理时大量 Al—O、Al—OH 键断裂，Al^{3+} 在矿物表面大量暴露，使矿物表面正电性强；而高岭石解理时是层间氢键断裂，Al—O、Si—O 键难以发生断裂，加之类质同象替换使其底面永久荷负电，高岭石表面负电荷较强。因此矿物解理时 Al—O 键的断裂程度是影响一水硬铝石和高岭石可浮性差异的主要原因。张国范[40]通过计算一水硬铝石和高岭石矿物表面铝离子的前线轨道能量发现，高岭石和一水硬铝石表面均存在 Al^{3+}，而且性质差异也不大，这表明油酸钠都可以吸附这两种矿物，导致正浮选铝土矿难度比较大。

崔吉让等[41]对高岭石和一水硬铝石的晶体结构和表面荷电性质进行了研究，并对高岭石颗粒的分散、团聚行为进行了研究和理论计算，认为高岭石的溶液特性、端面与底面荷电性质的差异以及底面的晶格取代，是影响颗粒团聚和分散行为的重要影响因素。张晓萍等[42,43]则对微细粒高岭石与伊利石的疏水聚团机理进行了研究，指出高岭石在碱性溶液中主要以分散的形式存在；在酸性溶液中主要以“端面-底面”形式聚团；并且季铵盐的加入，能促进了高岭石的疏水絮团。骆兆军等[44]根据经典的 DLVO 理论，从颗粒间相互作用出发分析了微细粒一水硬铝石在高岭石、叶蜡石和伊利石矿物表面的黏附情况，认为微细粒一水硬铝石与粗粒铝硅酸盐矿物颗粒间的范氏力作用总是表现为吸引；而静电作用在酸性条件下为吸引，碱性条件下为排斥；总的结果为颗粒间在弱酸性条件下为吸引力，由此引起一水硬铝石夹带上浮较严重，若加入分散剂可使情况有所改善。

冯其明等[45]应用密度泛函-赝势的量子化学方法模拟了一水硬铝石及一水硬铝石的 (010) 面的原子和电子结构，采用广义梯度近似（GGA-PBE）函数计算得到了一水硬铝石的晶格参数和原子分数坐标，根据表面态密度、表面原子排布、表面原子的前线轨道计算得出，一水硬铝石 (010) 面上没有 Al 原子暴露，所以阳离子捕收剂不是与 Al 作用，只可能是表面的 H 原子产生了氢键作用。

1.4 铝硅酸盐矿物晶体化学性质的各向异性

同类型矿物的晶体习性不同，沿着晶格的不同结晶方向和解理方向，暴露出的表面原子和活性质点的排布和密度不同，晶体的表面化学性质（表面能、表面荷电性、润湿性和吸附性等）也存在差异，这种差异性称为矿物晶体表面物理化学性质的各向异性，一般也简称为矿物晶体表面的各向异性[46]。关于高岭石、锂辉石、长石和云母等铝硅酸盐矿物晶体表面化学性质的研究，国内外已有大量报道。对铝硅酸盐矿物晶体化学这一课题有过较系统研究的代表性学者是 Fuerstenau、Manser、孙传尧和印万忠、贾木欣等。但其大多从矿物整体的晶体结构考虑，而从原子-分子微观角度对不同暴露晶面表面化学性质的各向异性研究相对还比较少。

近年来，随着计算机模拟和微观分析测试技术的成熟发展，矿物表面性质的各向异性研究已成为矿物加工及相关学科领域的研究热点。由化学键模型理论可知，矿物沿某一方向断裂之后，由于表面层原子朝外方向具有不饱和的价键，键能得不到补偿，使得表面质点较本体内质点具有额外的势能，称为表面能，热力学上称为表面自由能。矿物的表面自由能与矿物润湿性、吸附性和界面动力学特征具有直接的关系。因此，矿物表面自由能一直是矿物加工及相关学科领域的研究热点。但是，表面自由能的直接测定是一个世界难题。近年来，随着计算机技术的成熟发展，科研工作者可借助计算机模拟较为准确地计算矿物表面能。De Leeuw 等[47]模拟计算了镁橄榄石各个晶面的表面能，发现非极性的（010）面具有最小的表面能，是镁橄榄石最主要的解理面。这些研究发现，通过比较矿物晶体不同结晶方向的表面能差异，可预测并确定矿物最常见的解理面和暴露晶面，为深入研究矿物与药剂的作用机理及矿物的浮选分离行为提供参考。Moon 等[48]系统计算了锂辉石 4 个晶面的断裂键数，并分析了锂辉石的解理特性。计算表明，锂辉石各晶面单位面积（cm^2）上断裂的离子键的键强大小顺序为（110）面 <（010）面 <（001）面 <（100）面，因此解理将沿键合最弱的（110）面产生，（110）面和（001）面是锂辉石最常见的暴露面。刘晓文等[49~51]系统研究了铝土矿中铝硅酸盐矿物（高岭石、叶蜡石、伊利石）晶体结构、表面润湿性与可浮性的关系，计算了矿物晶体单位晶面上的断裂键数，借此分析了矿物各晶面的润湿性差异。计算发现，这 3 种铝硅酸盐矿物晶体表面上晶面的单位面积断裂键数皆为 $N_{Si-O\{110\}} < N_{Si-O\{010\}} < N_{Si-O\{100\}}$，$N_{Al-O\{110\}} < N_{Al-O\{010\}} < N_{Al-O\{100\}}$；并推导分析出亲水性顺序为：（100）面 >（010）面 >（110）面。这些研究发现，通过比较矿物晶体不同结晶方向的断裂键密度也可以预测预测并确定矿物最常见的解理面和暴露晶面以及不同晶面的润湿性。

Šolc 等[52]利用分子动力学模拟了纳米水滴与高岭石两个底面（硅氧四面体（001）和铝氧八面体（00$\bar{1}$））的相互作用，结果发现（00$\bar{1}$）面形成羟基且完全亲水；而（001）面通过微观计算出其接触角大约为 105°，说明（001）面疏水。美国工程院 J. Miller 院士团队[53,54]通过原子力显微镜（AFM）及 DLVO 理论模型测算了高岭石表面的荷电性质，发现（001）面在 pH > 4 时，表面荷负电；而对于（00$\bar{1}$）面在 pH < 6 时，表面荷正电，在 pH > 8 时，表面荷负电；说明了高岭石两个不同底面的荷电性具有各向异性。同时，加拿大工程院徐政和院士团队[55,56]等也采用 AFM 及 DLVO 理论模型测算了滑石、白云母表面电荷的各向异性。发现对于底面，在 pH 为 6~10 时，长程力为单调的斥力且与 pH 值无关；对于端面，在 pH < 10 范围内，测量的斥力随 pH 减小而降低，在 pH = 5.6 时，变为引力，端面电荷与 pH 有关。因此，同一矿物的不同晶面会表现出润湿性和荷电性的各向异性。

1.5 铝硅酸盐矿物与药剂作用的各向异性

矿物表面活性质点密度及其空间方位分布是影响药剂分子在矿物表面吸附行为的关键因素。关于水分子及有机小分子捕收剂在矿物不同晶面上的吸附行为，英国巴斯大学的 Steve Parker 研究小组和伦敦大学的 Nora de Leeuw 研究小组进行了大量的计算机模拟研究工作。他们的研究思路可概括为：建模矿物晶体结构再切割一系列晶面，然后探寻并确定水分子和小分子捕收剂在这些晶面上的最小能量吸附模型，并计算吸附能。但是关于这方面的实验研究国内外文献报道很少。

De Leeuw 等[57]研究了水分子在石英 5 个晶面上的吸附行为。研究发现，在（001）面上的吸附模式为水分子的氧原子与石英表面的 Si 质点发生作用，作用距离为 0.173nm，其中一个氢原子与石英表面的 O 质点形成键长为 0.164nm 的氢键，另一个氢原子则相对远离该表面。单个水分子在（001）面的吸附能为 -75.8kJ/mol，可认为发生了物理吸附。但在（100）和（101）面上，水分子中的氧原子除分别以 0.153nm 和 0.163nm 的距离与 Si 质点发生作用外，两个氢原子皆与表面的 O 质点形成了键长在 0.18~0.203nm 之间的氢键，因此，水分子在这两个晶面的吸附能达到了 -182.6kJ/mol 和 -230.2kJ/mol，属于化学吸附的范围。

Mkhonto 等[58]采用原子模拟研究了甲酸、羟基甲酰胺、甲胺、羟基乙醛 4 种有机小分子捕收剂在氟磷灰石表面的吸附行为。研究表明，（001）面是氟磷灰石最稳定的表面，捕收剂吸附后对该晶面表面结构的影响较小，因此吸附能较小。由于表面质点的配位数较低，（110）和（100）面很不稳定，因此二者的表面能较大，与有机捕收剂的作用能也较大。（103）面表面能是几个晶面中最大的，但是与捕收剂的作用能却是相对最小的，这是由于尽管捕收剂与该晶面作用较强，但是该晶面的单位晶胞面积是几个研究晶面中最大的，捕收剂的吸附对该晶面表面结构影响相对较小，该晶面上仍然存在大量的未饱和活性质点。

在铝硅酸盐矿物方面，Du 等[59]通过分子动力学模拟研究了滑石分别与水分子和十二烷基三甲基溴化铵（DTAB）的吸附作用，发现滑石的端面具有亲水性而底面具有疏水性；亲水的端面通过静电作用吸附 DTAB，而疏水的底面通过疏水缔合作用吸附 DTAB；端面与 DTAB 作用之后疏水性增大，而底面与 DTAB 作用之后疏水性反而下降。

Fuerstenau 等[60]通过油酸对锂辉石 [$LiAl(SiO_3)_2$] 与其他铝硅酸矿物（长

石、白云母等）选择性浮选实验以及分子动力学模拟发现，锂辉石不同暴露面（001）和（110）Al—O键断裂数不一样，其与油酸相互作用能也不一样，断裂键Al—O多的（100）面与油酸作用更强。而对于白云母 $[K_2Al_4(Al_2Si_6O_{20})(OH)_4]$ 解理面（001）不存在Al—O断裂键，则油酸与白云母解理面（001）面基本不发生作用。即锂辉石不同晶面与油酸钠溶液作用后，（110）面的接触角及吸附强度都较（001）面大，即（110）面的疏水性大于（001）面的疏水性。

胡岳华[61]和李海普[62,63]通过分析高岭石不同解理面的化学组成，并进行了其与十二胺作用的量子化学计算。结果表明，高岭石存在两种性质不同的底面：以 $[SiO_4]$ 四面体为主的（001）面和以 $[AlO_2(OH)_4]$ 为主的（00$\overline{1}$）面。阳离子捕收剂在（001）面有较强的吸附作用，而（00$\overline{1}$）面却很难与阳离子捕收剂发生作用。在酸性条件下，高岭石（00$\overline{1}$）底面与端面相互作用产生团聚，（001）面吸附阳离子捕收剂而疏水；在碱性条件下，端面和底面都荷负电，各解理面间产生静电斥力而使矿粒充分分散，此时高岭石（00$\overline{1}$）底面难与捕收剂发生作用而亲水，（001）面却因吸附捕收剂疏水并发生疏水缔合作用，使疏水表面减少，导致高岭石难以浮选。上述对矿物晶体结构特点的分析研究为解释高岭石浮选特性提供了新的认识。

综上所述，近年来，随着矿物学、结构化学、浮选理论、分子模拟以及现代分析测试技术等领域研究工作的不断深化，在矿物晶体化学，尤其是矿物晶体表面的各向异性方面取得了重要的进展。本专著将结合作者自己的研究工作及借鉴国内外相关的重要研究成果，从矿物晶体化学角度，对铝硅酸盐矿物晶体表面性质各向异性进行了以及与药剂作用的各向异性进行了深入剖析，其有助于矿物加工科研人员更深刻地理解矿物的表面特性及矿物/浮选剂界面选择性作用机理，从而为设计与筛选高效的浮选药剂及制定经济合理的选择性磨矿—浮选方案提供指导和依据，也希望对其他复杂难选硅酸盐矿物浮选理论提供参考和借鉴。

1.6 组合捕收剂浮选矿物的作用机理概述

关于浮选剂捕收性能的强化，林强和王淀佐提出了"浮选药剂的活性-选择性原理"[64,65]：反应活性低的药剂对矿物的选择性较好，而活性较高的浮选药剂选择性必然较差。根据这一原理，单独使用单官能团药剂难以同时获得较好选择性和高回收率的浮选效果。要同时兼顾活性和选择性，有两条途径：一是使用多官能团药剂，如药剂改性和新药剂的合成，通过多官能团化合物在键合过程中的优势、官能团间相互作用或不同活性官能团之间的配合得到好的浮选效果；二是组合用药，通过不同药剂搭配，使不同活性组分和选择性互补产生协同作用。对于改性药剂以及新开发的高效药剂，考虑到药剂成本，一般难以完全取代传统的浮选药剂。因此，组合药剂使用一直是浮选药剂研究中的重要课题[66,67]。

1.6.1 表面活性剂复配的基本性质

大量研究证明，经过复配的表面活性剂具有比单一表面活性剂更好的使用效果，两种表面活性剂复配后可使溶液的物理化学性质发生明显的变化[68]。表面活性剂通过一定的比例进行复配后，形成的混合表面活性剂表面活性会显著优于单一组分，产生协同效应，这种协同效应也叫增效作用[69,70]。增效作用主要表现在能显著降低表面张力和临界胶束浓度（CMC），对表面活性剂的起泡、润湿等性能以及矿物浮选分离等作用产生巨大的影响。目前应用比较广泛的表面活性剂复配类型主要有阴离子和非离子表面活性剂复配体系、阴离子和阴离子表面活性剂复配体系，以及阴离子与阳离子表面活性剂的复配体系。阴离子与阳离子表面活性剂的复配体系在水溶液中溶解后，由于两种表面活性剂间的强烈静电作用，使混合体系中各组分的吸收自由能大大下降，从而使混合体系的表面活性得到了极大的提高。有人认为阳离子型表面活性剂与阴离子型表面活性剂混合之后形成了"新的络合物"，并会表现出优异的表面活性和各方面的增效效应[71~73]。

在水溶液体系中，不同类型表面活性剂复配后，它们会在气-液界面发生相互作用从而影响整个体系的溶液性质[74]。它们之间因分子的相互作用，或成为络合物，或因产生静电吸引或排斥等[75,76]。Schulman 等[77]将表面活性剂注射到表面覆盖有不溶的单层膜（由另一种表面活性剂组成）的液体中发现，表面活性剂会吸附在气-液界面并且在单层膜之间穿插渗透，其渗透的程度主要由 2 种表面活性剂不同极性基团的相互作用程度、非极性碳链的长度以及各自的空间构象所决定。Shinoda 等[78,79]通过比较表面活性剂混合后与单一存在的情况下液体表面张力的变化发现，当离子与非离子型药剂混合时电荷会在各个基团中分散而减小排斥力，当阴阳离子药剂混合时则会存在静电吸引力，这些相互作用力导致混合药剂体系的 CMC 值下降。Rosen 等[80,81]借用溶液化学的手段量化计算了不同种类药剂分子之间的相互作用力，并指出混合药剂体系的 CMC 值变化可以在一定程度上预测 2 种药剂之间的协同效应。Scamehorn 等[82]通过理论计算发现混合药剂体系中的相互作用力是以阳离子/非离子、阴离子/非离子、阴离子/阳离子的顺序逐渐增大。

除了表面张力的变化，溶液的起泡性能与泡沫稳定性的变化是衡量不同类型药剂分子之间相互作用强度的另一个指标。Leja 等[83]研究了将等比例的阴、阳离子捕收剂混合后所产生的泡沫量的变化，发现十六烷基硫酸盐与带支链的十六烷基三甲基铵盐混合后会产生大量泡沫，但与直链的十六烷基铵盐混合时则完全不产生泡沫，表明铵盐碳链结构中的支链会直接影响其与阴离子表面活性剂相互作用的强度。Manev 等[84]研究了乙基黄原酸钾与起泡剂 $C_{12}(EO)_5$ 之间的相互作用对水化膜稳定性的影响。通过使用干涉测量技术测量在不同浓度起泡剂与不同浓度黄药的条件下形成的水化平衡膜的膜厚，发现随着黄药浓度的增大水化膜的厚度显著降低，其泡沫稳定性大幅下降。

同时，水的硬度通常会严重影响混合表面活性之间的相互作用力。Cox 等[85,86]通过研究发现，阴离子与非离子型表面活性剂组合使用，由于混合胶束的形成，可大幅降低溶液中 Ca^{2+}、Mg^{2+} 与前者形成沉淀的作用。

1.6.2　组合捕收剂浮选矿物的作用机理研究

某些浮选剂按一定比例组合使用后，会产生相辅相成的交互作用，从而起到"1+1>2"的增效效应，即通常所说的协同作用或协同效应。与使用单一药剂相比，组合药剂有的可以提高浮选回收率，有的可以提高精矿品位，有的可以降低药剂用量或改善生态环境等[87~89]。组合捕收剂中，有一些是起辅助作用的，添加少量就能明显改善浮选性能，有人称之为增效剂。近些年，国内外学者对脂肪酸增效机理做了大量的研究，主要形成了以下几种观点[90~94]：增效剂可增强主捕收剂在水溶液的溶解度或分散度，即增溶和乳化作用（图1-1）；增溶剂与主捕收剂在矿物表面产生共吸附，功能互补作用强化了组合药剂捕收能力；增效剂与主捕收剂之间形成新的化合物。

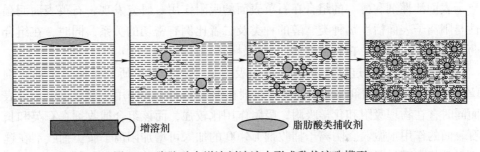

图 1-1　脂肪酸在增溶剂溶液中形成乳状液珠模型

Smith 等[95]通过测定十二胺与十二醇混合体系下石英表面的接触角，发现单一十二醇在石英表面不发生吸附，而与十二胺混合时在石英表面发生共吸附现象。Von Rybinski 等[96]通过研究烷基磺化琥珀酸盐（阴离子型）和壬基酚聚乙二醇醚（非离子型）组合药剂在白钨矿和方解石表面的吸附等温线，发现此两种不同类型的药剂在矿物表面的吸附层中存在协同促进的相互作用。

Somasundaran 等[97~99]分别研究了阴离子-非离子、阳离子-非离子组合药剂在低于 CMC 值的范围内在高岭石以及氧化铝表面的吸附，发现单一的烷基醇聚氧乙烯醚在矿物表面吸附量很小，但与对-辛基苯磺酸盐或十二烷基三甲基氯化铵（DTAC）混合后其吸附量均会呈数量级增长。而且，磺酸盐以及铵盐的吸附也会因烷基醇聚氧乙烯醚的存在而被强化，分析其原因可能是碳链之间的疏水缔合以及不带电基团的存在部分屏蔽了带电离子基团强烈的静电排斥力。

Huang 等[100]研究了阳离子表面活性 DTAB、DPB 及阴离子表面活性剂 SDBS 和 SDS 各自在硅胶表面单独吸附的情况以及 DTAB-SDBS、DPS-SDS 混合体系的吸附情况。结果表明，阳离子表面活性剂在带负电的硅胶表面发生强烈吸附，而阴离子表面活性剂则无明显吸附现象发生；而组合药剂相对于单一药剂来说，其各自的吸附量均上升，且二者的吸附增量近似相当，推测出阴离子表面活性剂离子是通过与阳离子组成离子对后，在硅胶表面的不带电位点通过范德华力发生特性吸附。

Alexandrova 等[101]研究了十四烷基三甲基氯化铵和十二（十四、十六）烷基磺酸钠组合表面活性剂在石英表面的吸附行为。研究结果发现，这两种类型的组合表面活性剂的表面张力和临界胶束浓度值比单一十四烷基三甲基氯化铵和烷基磺酸钠的低很多，表明了组合表面活性剂的活性比单一表面活性剂更强。在组合表面活性剂体系下，阳离子铵盐通过静电作用吸附在带负电的石英表面，阴离子磺酸盐与阳离子铵盐通过极性基间的静电作用、碳链的疏水缔合作用吸附在石英表面。

Zdziennicka 等[102,103]通过石英表面润湿性测定和表面自由能的计算探讨了阳离子表面活性剂和醇类的组合在石英表面的吸附作用。研究发现，石英表面润湿性与阳离子表面活性剂种类、醇的种类及二者比例有密切的关系，同时，在组合药剂体系下，醇类会在石英表面产生明显的吸附作用。

冯金妮等[104]通过红外光谱分析和吸附量测试等手段研究了阴离子捕收剂 LZ-00 与阳离子捕收剂椰油胺的组合药剂在锂云母表面的作用，发现在锂云母表面同时存在物理吸附和化学吸附，吸附作用比较强，而该组合捕收剂在石英和长石表面的作用很微弱。阴离子捕收剂 LZ-00 的加入可增加阳离子胺类捕收剂在锂云母矿物表面的吸附量，从而减少其在石英和长石表面的吸附量。

王丽等[105,106]通过分子动力学模拟等手段系统研究了十二胺和油酸钠组合捕收剂在云母表面的吸附行为，发现十二胺阳离子和油酸钠阴离子共吸附在云母表面。十二胺和油酸钠分子的极性基吸附在云母表面，碳链则接近垂直伸向水溶液中，形成一个紧密的分子层。整个结构处于以极性基作为作用基团，疏水碳链与表面接近垂直的构型，使得云母表面疏水。十二胺阳离子起主导作用，大部分油酸钠通过碳链疏水缔合作用、十二胺阳离子静电作用及云母表面铝原子的作用吸附在云母表面。

Hanumantha Rao 等[107]研究了阴阳离子组合捕收剂对长石和石英表面电位的影响，发现在二胺单独存在时，当 pH 从 2.5 降到 1.75 时，石英表面的正电位缓缓下降，其原因是因为二胺在石英表面的吸附量降低，由于石英的 $pH_{pzc} = 2.0$，低于此 pH 时由于静电斥力二胺将不能在石英表面吸附；而在同样的条件下，微斜长石拥有更高的电位，原因是微斜长石拥有更低的零电点，在 pH = 1.75 的条件下表面仍有二胺吸附。在体系中混入硫酸盐后，由于其与表面的二胺之间的相互络合作用而发生共吸附，使得表面电位显著下降。在零电点位置，当阴离子表面活性剂浓度超过二胺浓度时表面电位也随之发生符号逆转，表明过量阴离子吸附于矿物表面，推测阴离子与阳离子型药剂可能是以相反的方向共吸附于矿物表面的。

1.7 组合捕收剂在矿物浮选中的应用

目前组合药剂主要应用于钛铁矿、锡石、白钨矿、萤石、菱锌矿、磷灰石等难选矿石浮选。对于组合捕收剂浮选难选氧化矿的研究，主要围绕脂肪酸类捕收剂与其他药剂组合使用，主要有以下四类。

1.7.1 脂肪酸类捕收剂与阳离子捕收剂的组合使用

刘亚川等[108]以六偏磷酸钠为抑制剂、油酸钠和十二胺盐酸盐组合为捕收剂浮选分离石英和长石，发现加入胺类捕收剂的吸附活性区，活化了长石的浮选，造成石英和长石的可浮性差异。A. Vidyadhar 等[109]采用磺酸盐/二胺混合捕收剂浮选分离长石和石英，发现当磺酸盐单独使用时长石和石英可浮性差，当磺酸盐和二胺混合作用，磺酸盐一方面降低了二胺极性基间的静电斥力，另一方面增加了二胺非极性基间的疏水能力，产生共吸附，从而增强了二胺在两种矿物上的吸附。A. Vidyadhar 等[110,111]也研究了胺类捕收剂与脂肪醇的使用组合来浮选分离石英和长石，发现当脂肪醇与胺共吸附于矿物表面时，组合捕收剂极性基半径明显大于胺在矿物表面的吸附半径，所以排开水分子的能力也更强，导致矿物表面疏水性更强，浮选效果更佳。刘凤春等[112]用十二胺和油酸钠作组合捕收剂，用硫酸代替氢氟酸作 pH 调整剂，通过调节捕收剂的比例和浮选条件，实现了长石和石英的无氟浮选分离，取得较好的试验指标。

Buckenham 等[113]研究了黄药与 TAB（铵盐）混合后在浮选分离闪锌矿、镍黄铁矿以及磁黄铁矿中的应用。当混合药剂中黄药/TAB 的比例合适时，这些硫化矿之间或其与脉石石英之间都能达到有效的分离。Mathieu 等[114]研究了用阴、阳离子型组合捕收剂浮选含铁的海砂矿（含石英88%，长石10%）。首先使用磺化石油浮选含铁矿物，然后使用胺类药剂浮选长石。在此过程中他们发现了另一种选择，那就是使用前二者的混合物可以一步实现长石、氧化铁和脉石石英的分离，且效果较前者更优。张祥峰等采用阳离子捕收剂十二胺和阴离子捕收剂戊异基黄原酸钾作为组合捕收剂，对异极矿进行浮选。结果发现，当十二胺和戊异基黄原酸钾摩尔比为 1:3 时，对异极矿进行浮选，比单独使用二者任何一种药剂对异极矿的浮选效果都好，在矿浆 pH 值为 10 左右时，浮选回收率可达86%[115]。

Hosseini 等在菱锌矿的浮选中也应用了这种类型的捕收剂，取得了好的试验指标[116]。Rao[117]等研究使用油酸/十二胺混合捕收剂浮选云母矿物（含白云母15.4%、黑云母13%、黄铁矿1.8%，其余为脉石石英以及长石），浮选结果表明，通过调节药剂组合比例可使白云母有效地选择性分离出来。

1.7.2 脂肪酸类捕收剂与其他阴离子捕收剂的组合使用

脂肪酸同系物之间的组合使用往往可以优化浮选性能。江庆梅[118]分别采用正辛酸钠、月桂酸钠、硬脂酸钠与油酸钠组合使用，发现这些组合捕收剂对白钨矿、萤石的捕收能力均显著提高；李冬莲等[119]采用十二烷基磺酸钠、十二烷基苯磺酸钠为油酸的增效剂，对胶磷矿进行浮选。试验发现，油酸的分散性及低温捕收能力增强，捕收性能得到改善。张晶[120]的研究表明，油酸钠与磺酸盐、豆蔻酸组合使用对一水硬铝石的捕收能力增强，可以显著提高 $-5\mu m$ 粒级的回收率。

1.7.3 脂肪酸类捕收剂与螯合捕收剂的组合使用

螯合捕收剂一般选择性较好，而脂肪酸捕收能力强，二者组合使用在氧化矿浮选中往往能够取得很好的协同作用。广州有色金属研究院研发的 GY 系列组合捕收剂对黑白钨矿浮选分离效果很好，对含钨 WO_3 为 0.47% 的原矿，钨精矿中 WO_3 可达到 70.07%，钨总回收率达到 81.62%[121]。卢毅屏等[122]发现 8-羟基喹啉在用量较低时就能促进油酸钠对一水硬铝石的捕收作用。王毓华等[123]研究了油酸与螯合剂组合浮选锂辉石的效果，螯合剂与锂辉石表面的金属离子发生螯合作用，可以提高浮选选择性。结果发现，该组合药剂不仅可以显著降低油酸用量，而且可以大大提高锂辉石与石英及长石的分选选择性，从而提高锂辉石的选矿指标。

1.7.4 脂肪酸类捕收剂与非离子型表面活性剂的组合使用

非离子表面活性剂一般作为脂肪酸类捕收剂的增效剂。Li 等[124]通过添加一种浮选辅助药剂 PNIPAM（聚 N-异丙基丙烯酰胺）来改善硅酸盐矿物的浮选动力学和表面润湿性。PNIPAM 对温度很敏感，在较低的温度下通过氢键吸附在矿物颗粒表面；当温度增加到高于其临界溶解温度时，它能导致颗粒具有很强的疏水性聚合，增加了絮凝物粒度和矿物的可浮性。李冬莲等[125]采用油酸为主捕收剂，Tween80 等非离子型表面活性剂为增效剂，对胶磷矿和方解石混合矿进行浮选。结果发现，非离子表面活性剂和油酸钠之间具有协同作用，可促进油酸钠的捕收性能。周强[126]等以非离子型表面活性剂作为油酸的增效剂，发现非离子型表面活性剂不但能提高萤石矿的低温浮选效果，也能增强常温捕收性能。陈远道[127]

等研究了失水山梨醇聚氧乙烯（20）醚羧酸酯（Tween）、失水山梨醇羧酸酯（Span）和辛基酚聚氧乙烯（9）醚（Triton）三类非离子表面活性剂对油酸浮选一水硬铝石的促进作用，结果表明 Span 系列表面活性剂对油酸捕收剂的浮选增效效果低于 Tween 系列，Tween20 和 Triton X-100 的浮选增效作用最好。

　　总之，组合药剂是浮选药剂发展的重要方向之一，它在改善现有药剂的性能、提高生产指标、降低成本、解决生产实际问题等方面意义重大。而目前组合药剂的应用基础研究远远落后于实践，所以对组合药剂的基础理论进行更深入的研究有利于组合药剂的进一步发展。由于现代基础学科理论，例如物理化学、表面化学、结构化学、络合物配位化学和量子化学等的发展，以及失踪原子、吸收光谱、电子显微镜、电子衍射和其他各种表面化学测试新技术的应用，浮选药剂理论取得了很大的发展。近年来随着原子力显微镜、分子动力学模拟技术在浮选药剂与矿物界面作用的应用，浮选药剂理论在原子和分子层次上得到了进一步发展。这些新的测试技术将逐渐应用于研究组合药剂的浮选理论。

参 考 文 献

[1] 李建康. 川西典型伟晶岩型矿床的形成机理及其大陆动力学背景 [D]. 北京：中国地质大学（北京），2006.

[2] 谢贞付，王毓华，唐子君，等. 伟晶岩型锂辉石矿浮选研究综述 [J]. 稀有金属，2013，37（4）：642~649.

[3] 戎家树. 花岗伟晶岩研究概况 [J]. 国外铀金地质，1997，14（2）：97~107.

[4] 白峰，冯恒毅，邹思劼，等. 河南卢氏官坡伟晶岩中锂辉石的矿物学特征研究 [J]. 岩石矿物学杂志，2011，30（2）：281~285

[5] 林大泽. 锂的用途及其资源开发 [J]. 中国安全科学学报，2004，14（9）：72~76.

[6] 李康，王建平. 中国锂资源开发利用现状及对策建议 [J]. 资源与产业，2016（1）：82~86.

[7] An J W, Kang D J, Tran K T, et al. Recovery of lithium from Uyuni salar brine [J]. Hydrometallurgy, 2012, 117: 64~70.

[8] 雪晶，胡山鹰. 我国锂工业现状及前景分析 [J]. 化工进展，2011，30（4）：782~790.

[9] 邓菲菲. 锂提取方法研究进展与展望 [J]. 锂提取方法研究进展与展望，2012（6）：44~47.

[10] Kushnir D, Sande B A. The time dimension and lithium resource constraints for electric vehicles [J]. Resources Policy, 2012 (37): 93~103.

[11] 朱文龙，黄万抚. 国内外锂矿物资源概况及其选矿工艺综述 [J]. 现代矿业，2010，495（7）：1~5.

[12] 杨晶晶，秦身钧，张健雅，等. 锂提取方法研究进展与展望 [J]. 化工矿物与加工，

2012, 41 (6): 44~47.

[13] 杨荣金, 李彦武, 田海燕. 青海盐湖锂资源开发的环境影响分析及对策研究 [J]. 环境与可持续发展, 2014 (2): 91~94.

[14] 刘跃龙, 陈文彦, 刘够生. 中国矿山型锂矿资源分布及提取碳酸锂技术 [J]. 无机盐工业, 2013, 45 (6): 8~10.

[15] 宋彭生, 李武, 孙柏, 等. 盐湖资源开发利用进展 [J]. 无机化学学报, 2011 (5): 801~815.

[16] 冯跃华. 我国盐湖卤水提锂工程化现状及存在问题 [J]. 武汉工程大学学报, 2013, 35 (5): 9~14.

[17] 纪志永, 焦朋朋, 袁俊生, 等. 锂资源的开发利用现状与发展分析 [J]. 轻金属, 2013 (5): 1~5.

[18] 何启贤. 世界锂金属资源开发利用现状及其市场前景分析 [J]. 轻金属, 2011 (9): 3~7.

[19] 孟广寿. 矿石提锂与盐湖卤水提锂将并存发展 [J]. 世界有色金属, 2008 (2): 67~69.

[20] 王海华. 锂资源开发利用现状及前景 [J]. 国土资源情报, 2012 (4): 30~32.

[21] 郑绵平, 刘喜方. 中国的锂资源 [J]. 新材料产业, 2007 (8): 13~16.

[22] 陈胜虎, 罗仙平, 杨备, 等. 锂辉石的选矿工艺研究现状及展望 [J]. 现代矿业, 2010 (7): 5~7, 128.

[23] 严更生. 锂辉石浮选生产实践 [J]. 新疆有色金属, 2007 (1): 27~30.

[24] 赵云. 对高品位锂辉石浮选回收率的探索 [J]. 新疆有色金属, 2005, 增刊 (37): 37~41.

[25] 孙蔚, 叶强. 对四川某地锂辉石矿浮选的认识 [J]. 新疆有色金属, 2004 (4): 28~30.

[26] 刘宁江. 可可托海稀有矿 V26, V38 矿体锂辉石浮选试验研究 [J]. 新疆有色金属, 2008, 31 (5): 48~49.

[27] 赵开乐, 王昌良, 邓伟, 等. 某锂辉石矿石工艺矿物学特征及选矿试验 [J]. 矿物学报, 2014 (4): 553~558.

[28] 于福顺, 王毓华. 锂辉石浮选理论与实践 [M]. 长沙: 中南大学出版社, 2015.

[29] 任文斌. 锂辉石尾砂的可回收再利用 [J]. 新疆有色金属, 2007 (3): 25~26.

[30] 王毓华. 新型捕收剂浮选锂辉石矿的试验研究 [J]. 矿产综合利用, 2002 (5): 11~13.

[31] 何建璋. 新型捕收剂在锂铍浮选中的应用 [J]. 新疆有色金属, 2009 (2): 37~38.

[32] 印万忠, 孙传尧. 矿物晶体结构与表面特性和可浮性关系的研究 [J]. 国外金属矿选矿, 1998 (4): 8~11.

[33] 陆现彩, 尹琳, 赵连泽, 等. 常见层状硅酸盐矿物的表面特征 [J]. 硅酸盐学报, 2003, 31 (1): 60~65.

[34] Manser R M. Handbook of silicate flotation [M]. Warren Spring Laboratory, 1975.

[35] Fuerstenau D W. 硅酸盐矿物结晶化学、表面性质和浮选行为 [J]. 国外金属矿选矿,

1978，（9）：28~45.

[36] 印万忠. 硅酸盐矿物晶体化学特征与表面特性及可浮性关系的研究：[D]. 沈阳：东北大学，1999.

[37] 孙传尧，印万忠. 硅酸盐矿物浮选原理 [M]. 北京：科学出版社，2001，4：38~39.

[38] 孙传尧，印万忠. 关于硅酸盐矿物的可浮性与其晶体结构及表面特性关系的研究 [J]. 矿冶，1998，7（3）：22~28.

[39] 印万忠，韩跃新，魏新超，等. 一水硬铝石和高岭石可浮性的晶体化学分析 [J]. 金属矿山，2001（6）：29~33.

[40] 张国范. 铝土矿浮选脱硅基础理论及工艺研究 [D]. 长沙：中南大学，2001.

[41] 崔吉让，方启学. 一水硬铝石与高岭石的晶体结构和表面性质 [J]. 有色金属，1999，51（4）：25~30.

[42] 张晓萍，胡岳华，黄红军，等. 微细粒高岭石在水介质中的聚团行为 [J]. 中国矿业大学学报，2007，36（4）：514~517.

[43] 张晓萍. 微细粒高岭石与伊利石疏水聚团的机理研究 [D]. 长沙：中南大学，2007.

[44] 骆兆军，胡岳华，王毓华，等. 铝土矿反浮选体系分散与凝聚理论 [J]. 中国有色金属学报，2001（4）：680~683.

[45] 冯其明，陈远道，欧乐明，等. 一水硬铝石（α-AlOOH）及其（010）表面的密度泛函研究 [J]. 中国有色金属学报，2004（4）：670~675.

[46] 高志勇. 三种含钙矿物晶体各向异性与浮选行为关系的基础研究 [D]. 长沙：中南大学，2013.

[47] De Leeuw N H, Parker S C, Catlow C R A, et al. Modelling the effect of water on the surface structure and stability of forsterite [J]. Physics and Chemistry of Minerals, 2000, 27 (5): 332~341.

[48] Moon K S, Fuerstenau D W. Surface crystal chemistry in selective flotation of spodumene (LiAl [SiO₃]₂) from other aluminosilicates [J]. International Journal of Mineral Processing, 2003 (72): 11~24.

[49] 刘晓文，胡岳华. 3 种二八面体型层状硅酸盐矿物的润湿性研究 [J]. 矿物岩石，2005，25（1）：10~13.

[50] Hu Y, Liu X. Role of crystal structure in flotation separation of diapore from kaolinite pyrophylite and illite. Minerals Englneering [J]. 2003, 16: 219~227.

[51] 刘晓文. 一水硬铝石和层状硅酸盐矿物的晶体结构与表面性质研究 [D]. 长沙：中南大学，2003.

[52] Šolc R, Gerzabek M H, Lischka H, et al. Wettability of kaolinite (001) surfaces-Molecular dynamic study [J]. Geoderma, 2011 (169): 47~54.

[53] Gupta V, Miller J D. Surface force measurements at the basal planes of ordered kaolinite particles [J]. Journal of Colloid and Interface Science, 2010, 344 (2): 362~371.

[54] Gupta V, Hampton M A, Stokes J R, et al. Particle interactions in kaolinite suspensions and corresponding aggregate structures [J]. Journal of Colloid and Interface Science, 2011, 359 (1): 95~103.

[55] Yan L, Englert A H, Masliyah J H, et al. Determination of anisotropic surface characteristics of different phyllosilicates by direct force measurements [J]. Langmuir, 2011, 27 (21): 12996 ~ 13007.

[56] Zhao H, Bhattacharjee S, Chow R, et al. Probing surface charge potentials of clay basal planes and edges by direct force measurements [J]. Langmuir, 2008, 24 (22): 12899 ~ 12910.

[57] De Leeuw N H, Higgins F M, Parker S C. Modeling the surface structure and stability of α-quartz [J]. The Journal of Physical Chemistry B, 1999, 103 (8): 1270 ~ 1277.

[58] Mkhonto D, Ngoepe P E, Cooper T G, et al. A computer modelling study of the interaction of organic adsorbates with fluorapatite surfaces [J]. Physics and Chemistry of Minerals, 2006, 33 (5): 314 ~ 331.

[59] Du H, Miller J D. A molecular dynamics simulation study of water structure and adsorption states at talc surfaces [J]. International Journal of Mineral Processing, 2007, 84 (1): 172 ~ 184.

[60] Rai B, Sathish P, Tanwar J, et al. A molecular dynamics study of the interaction of oleate and dodecylammonium chloride surfactants with complex aluminosilicate minerals [J]. Journal of colloid and interface science, 2011, 362 (2): 510 ~ 516.

[61] Hu Yuehua, SunWei, Jiang Hao, et al. The anomalous behavior of kaolinite flotation with dodecyl amine collector as explained from crystal structure considerations [J]. International Journal of Mineral processing, 2005, (76): 163 ~ 172.

[62] 李海普. 改性高分子药剂对铝硅矿物浮选作用机理及其结构-性能研究 [D]. 长沙: 中南大学, 2002.

[63] 李海普, 胡岳华, 王淀佐, 等. 阳离子表面活性剂与高岭石的相互作用机理 [J]. 中南大学学报 (自然科学版), 2004, 35 (2): 228 ~ 233.

[64] 林强. 浮选药剂活性-选择性原理与活性屏蔽-恢复假说. 第二届全国青年选矿学术会议论文集, [C] //无锡: 中国金属学会, 1990: 222 ~ 225.

[65] 王淀佐, 胡岳华. 浮选剂找药分子设计理论的应用与发展 [J]. 矿冶工程, 1987 (2): 18 ~ 23.

[66] 朱阳戈. 微细粒钛铁矿浮选理论与技术研究 [D]. 长沙: 中南大学, 2012.

[67] 张闿. 浮选药剂的组合使用 [M]. 北京: 冶金工业出版社, 1994.

[68] Holland P M. Nonideality At Interfaces In Mixed Surfactant Systems [J]. Mixed Surfactant Systems, 1992: 327 ~ 341.

[69] Ew K, Ak M, Be R, et al. Spontaneous vesicle formation in aqueous mixtures of single ~ tailed surfactants [J]. Science, 1989 (4924): 1371 ~ 1374.

[70] Rybinski W V, Schwuger M J. Surfactant mixtures as collectors in flotation [J]. Colloids and Surfaces, 1987 (26): 291 ~ 304.

[71] Stellner K L, Amante J C, Scamehorn J F, et al. Precipitation phenomena in mixtures of anionic and cationic surfactants in aqueous solutions [J]. Journal of Colloid and Interface Science, 1988, 123 (1): 186 ~ 200.

[72] Maiti K, Bhattacharya S C, Moulik S P, et al. Physicochemistry of the binary interacting mix-

tures of cetylpyridinium chloride (CPC) and sodium dodecylsulfate (SDS) with special reference to the catanionic ion-pair (coacervate) behavior [J]. Colloids and Surfaces A: Physicochemical and Engineering Aspects, 2010, 355 (1): 88~98.

[73] Chen L, Xiao J X, Ruan K, et al. Homogeneous solutions of equimolar mixed cationic—anionic surfactants [J]. Langmuir, 2002, 18 (20): 7250~7252.

[74] Hanumantha Rao K, Forssberg K S E. Mixed collector systems in flotation [J]. International Journal of Mineral Processing, 1997, 51 (1~4): 67~79.

[75] 赵国玺, 程玉珍, 欧进国, 等. 正离子表面活性剂与负离子表面活性剂在水溶液中的相互作用 [J]. 化学学报, 1980, 38 (5): 409~420.

[76] Zhao S, Zhu H, Li X, et al. Interaction of novel anionic gemini surfactants with cetyltrimethylammonium bromide [J]. Journal of colloid and interface science, 2010, 350 (2): 480~485.

[77] Leja J. Interactions among surfactants [J]. Mineral Procesing and Extractive Metallurgy Review, 1989, 5 (1~4): 1~24.

[78] Shinoda K. The critical micelle concentration of soap mixtures (two-component mixture) [J]. The Journal of Physical Chemistry, 1954, 58 (7): 541~544.

[79] Rosen M J. Molecular interaction and synergism in binary mixtures of surfactants [M]. Oxford: Oxford University Press, 1986.

[80] Rosen M J, Hua X Y. Surface concentrations and molecular interactions in binary mixtures of surfactants [J]. Journal of Colloid and Interface Science, 1982, 86 (1): 164~172.

[81] Holland P M, Rubingh D N. Nonideal multicomponent mixed micelle model [J]. The Journal of Physical Chemistry, 1983, 87 (11): 1984~1990.

[82] Scamehorn J F. An overview of phenomena involving surfactant mixtures [M]. Oxford: Oxford University Press, 1986.

[83] Leja J. Surface chemistry of froth flotation [M]. New York: Plenum Press, 1982.

[84] Manev E D, Pugh R J. Diffuse layer electrostatic potential and stability of thin aqueous films containing a nonionic surfactant [J]. Langmuir, 1991, 7 (10): 2253~2260.

[85] Cox M F, Borys N F, Matson T P. Interactions between LAS and nonionic surfactants [J]. Journal of the American Oil Chemists' Society, 1985, 62 (7): 1139~1143.

[86] Stellner K L, Scamehorn J F. Hardness tolerance of anionic surfactant solutions. 2. Effect of added nonionic surfactant [J]. Langmuir, 1989, 5 (1): 77~84.

[87] 朱建光, 朱一民. 浮选药剂的同分异构原理和混合用药 [M]. 长沙: 中南大学出版社, 2011.

[88] 周强, 卢寿慈. 萤石浮选增效剂的结构与性能 [J]. 金属矿山, 1996, 240 (6): 25~28.

[89] 周强, 卢寿慈. 表面活性剂在浮选中的复配增效作用 [J]. 金属矿山, 1993, 206 (8): 28~31.

[90] Kobayashi I, Mukataka S, Nakajima M. Effects of type and physical properties of oil phase on oil-in-water emulsion droplet formation in straight-through microchannel emulsification, experi-

mental and CFD studies [J]. Langmuir, 2005, 21 (13): 5722~5730.

[91] Ata S, Yates P D. Stability and flotation behaviour of silica in the presence of a non-polar oil and cationic surfactant [J]. Colloids and Surfaces A: Physicochem. Eng. Aspects, 2006 (277): 1~7.

[92] Hosseini S H, Forssberg E. Physicochemical studies of smithsonite flotation using mixed anionic/cationic collector [J]. Minerals engineering, 2007 (20): 621~624.

[93] Sis H, Chander S. Improving froth characteristics and flotation recovery of phosphate ores with nonionic surfactants [J]. Minerals engineering, 2003 (16): 587~595.

[94] Vidyadhar A, Kumari N, Bhagat R P. Adsorption mechanism of mixed collector systems on hematite flotation [J]. Minerals engineering, 2012 (26): 102~104.

[95] Smith R W. Coadsorption of dodecylamine ion and molecule on quartz [J]. Trans. AIME, 1963 (226): 427~433.

[96] Von Rybinski W, Schwuger M J. Adsorption of surfactant mixtures in froth flotation [J]. Langmuir, 1986, 2 (5): 639~643.

[97] Somasundaran P, Fu E, Xu Q. Coadsorption of anionic and nonionic surfactant mixtures at the alumina-water interface [J]. Langmuir, 1992, 8 (4): 1065~1069.

[98] Xu Q, Vasudevan T V, Somasundaran P. Adsorption of anionic-nonionic and cationic-nonionic surfactant mixtures on kaolinite [J]. Journal of colloid and interface science, 1991, 142 (2): 528~534.

[99] Huang L, Maltesh C, Somasundaran P. Adsorption behavior of cationic and nonionic surfactant mixtures at the alumina-water interface [J]. Journal of colloid and interface science, 1996, 177 (1): 222~228.

[100] Huang Z, Yan Z, Gu T. Mixed adsorption of cationic and anionic surfactants from aqueous solution on silica gel [J]. Colloids and surfaces, 1989, 36 (3): 353~358.

[101] Alexandrova L, Rao K H, Forsberg K S E, et al. The influence of mixed cationic-anionic surfactants on the three-phase contact parameters in silica-solution systems [J]. Colloids and Surfaces A: Physicochemical and Engineering Aspects, 2011, 373 (1~3): 145~151.

[102] Zdziennicka A, Jańczuk B. Wettability of quartz by aqueous solution of cationic surfactants and short chain alcohols mixtures [J]. Materials Chemistry and Physics, 2010, 124 (1): 569~574.

[103] Zdziennicka A, Jańczuk B. Effect of anionic surfactant and short-chain alcohol mixtures on adsorption at quartz/water and water/air interfaces and the wettability of quartz [J]. Journal of Colloid and Interface Science, 2011, 354 (1): 396~404.

[104] 冯金妮. 锂云母高效捕收剂的选择及机理研究 [D]. 南昌: 江西理工大学, 2013.

[105] Wang L, Sun W, Hu Y H, et al. Adsorption mechanism of mixed anionic/cationic collectors in Muscovite-Quartz flotation system [J]. Minerals Engineering, 2014 (64): 44~50.

[106] Wang L, Hu Y, Sun W, et al. Molecular dynamics simulation study of the interaction of mixed cationic/anionic surfactants with muscovite [J]. Applied Surface Science, 2015 (327): 364~370.

[107] Hanumantha Rao K, Forssberg K S E. Solution chemistry of mixed cationic/anionic collectors and flotation separation of feldspar from quartz [J]. Industrie Minerale Mines Et Carrieres Les Techniques, 1994: 66~66.

[108] 刘亚川, 龚焕高, 张克仁. 油酸钠和十二胺盐酸盐在长石和石英表面的吸附 [J]. 东北工学院学报, 1993, 13 (2): 27~31.

[109] Vidyadhar A, Hanumantha R K, Bhagat R P. Adsorption mechanism of mixed cationic/anionic collectors in feldspar-quartz flotation system [J]. Journal of Colloid and Interface Science, 2007, 306 (2): 195~204.

[110] Vidyadhar A, Rao K H, Chernyshova I V. Mechanisms of amine-feldspar interaction in the absence and presence of alcohols studied by spectroscopic methods [J]. Colloids and Surfaces A: Physicochemical and Engineering Aspects, 2003, 214 (1~3): 127~142.

[111] Vidyadhar A, Rao K H, Chernyshova I V, et al. Mechanisms of Amine-Quartz Interaction in the Absence and Presence of Alcohols Studied by Spectroscopic Methods [J]. Journal of Colloid and Interface Science, 2002, 256 (1): 59~72.

[112] 刘凤春, 刘家弟. 用阴阳离子混合捕收剂浮选分离石英-长石 [J]. 中国矿业, 2000, 9 (3): 59~60.

[113] Buckenham M H, Schulman J H. Molecular associations in flotation [D]. Dunedin: University of Otago, 1963.

[114] Mathieu G I, Sirois L L. New processes to float feldspathic and ferrous minerals from quartz [J]. Reagents in the Minerals Industry. Inst. Min. Metall., London, 1984: 57~67.

[115] 张祥峰, 孙伟. 阴阳离子混合捕收剂对异极矿的浮选作用及机理 [J]. 中国有色金属学报, 2014, (2): 499~505.

[116] Hosseini S H, Forssberg E. Smithsonite flotation using mixed anionic/cationic collector [J]. Mineral Processing and Extractive Metallurgy, 2013.

[117] Rao K H, Forssberg E, Antti B. Flotation of mica minerals and selectivity between muscovite and biotite while using mixed anionic/cationic collectors [J]. Minerals and Metallurgical Processing, 1990.

[118] 江庆梅. 混合脂肪酸在白钨矿与萤石、方解石分离中的作用 [D]. 长沙: 中南大学, 2009.

[119] 李冬莲, 彭儒. 胶磷矿、方解石捕收剂研究 [J]. 化工矿山技术, 1991, 20 (5): 22~24.

[120] 张晶. 表面活性剂在油酸钠浮选一水硬铝石中的作用 [D]. 长沙: 中南大学, 2010.

[121] 张忠汉, 曾少雄, 张先华. GY法浮钨新工艺在柿竹园选厂的工业实践 [J]. 有色金属, 2000, 52 (4): 146~148.

[122] 卢毅屏, 谭燕葵, 冯其明, 等. 8-羟基喹啉在微细粒铝硅矿物浮选分离中的作用 [J]. 中国有色金属学报, 2007, 17 (8): 1353~1359.

[123] 王毓华, 于福顺. 新型捕收剂浮选锂辉石和绿柱石 [J]. 中南大学学报: 自然科学版, 2005, 36 (5): 807~811.

[124] Li H, Franks G V. Role of temperature sensitive polymers in hydrophobic aggregation/flotation

of silicate minerals [C] //24th Int. Minerals Processing Congress. China Scientific Book Service, Beijing, China, 2008: 1261 ~ 1269.

[125] 李冬莲, 卢寿慈, 谢恒星. 磷灰石常温浮选溶液化学的研究. 矿冶工程, 1999, 19 (1): 35 ~ 37.

[126] 周强, 卢寿慈. 萤石浮选增效剂及其应用 [J]. 化工矿山技术, 1995, 24 (2): 22 ~ 25.

[127] 陈远道. 高效铝土矿浮选捕收剂的研究与应用 [D]. 长沙: 中南大学, 2006.

2 铝硅酸盐矿物浮选晶体化学基础

矿物的晶体化学特性是指矿物的化学组成、化学键、晶体结构及其性质之间的关系，是矿物最本质的特征。矿物晶体在外部所表现的现象和性质大都是以其内在的晶体化学特性为依据的，即矿物晶体的物理和化学性质都与矿物内部结晶构造有关。因此，对矿物晶体化学特征的研究对于了解矿物的物理、化学性质及表面性质具有重要的理论意义；矿物晶体化学特征与矿物的浮选特性有着密切的联系，深入研究矿物晶体化学在矿物浮选中的应用，是解决难分选矿物分离问题的重要途径之一。

矿物的晶体结构是矿物晶体化学特征中最重要的特征之一，矿物的表面特性与其晶体结构密切相关。研究矿物的晶体结构主要是研究晶体内部质点的排列方式及它们之间通过化学键相联结的规律，包括结构中基本质点的具体数目、相对大小、在晶格中的极化程度，以及结构中化学键的类型、晶格类型、晶格能的高低等，这些晶体结构特性直接影响着矿物解理后表面的极性、不饱和键的性质和微结构的形成，引起矿物表面性质（表面电性、表面润湿性等）的差异，进而影响矿物在选冶工艺过程中的行为。

2.1 矿物晶体的定义

晶体是指具有三维周期性原子结构重复排列的固体，在一定生长条件下它具有多面体的外形。

矿物是天然产出的单质或化合物，它们各自都有相对固定的化学组成及确定的内部结晶构造。矿物通常由无机作用形成，在一定的物理化学条件范围内稳定，是组成岩石和矿石的基本单元。由此定义可知，首先，矿物必须是天然产出的物体；其次，矿物必须是均匀的固体，这就意味着天然产出的气体和液体都不属于矿物，每种矿物都有特定的化学成分和结晶构造，因此矿物都应是天然产出的晶体；最后，矿物一般应是由无机作用形成的，以此与生物体相区别，所有的矿物都是晶体。人们认识晶体，也正是首先从认识矿物晶体开始的。

所有自然界的矿物都是天然晶体（图 2-1）。所有的矿物，在适合的地质背景下，自然环境条件允许（拥有溶洞或裂缝），就有可能发育成矿物晶体或矿物晶簇。矿物晶簇是指由生长在岩石的裂隙或空洞中的许多矿物单晶体组成的簇状集合体，它们一端固定于共同的基地岩石上，另一端自由发育而具有良好的晶形。晶簇可以由单一的同种矿物的晶体组成，也可以由几种不同的矿物的晶体组成。在自然界以完好单晶或晶簇产出的矿物比较稀少，一般在晶洞裂隙中才有可能找到。这是因为矿物晶体发育完整的重要条件是需要一个能自由生长的良好空间，且溶液的过饱和度比较低，使矿物结晶速度进行得比较缓慢。在一定温度压力条件下，流体和洞壁围岩不断相互作用，才能生成各种发育完好的矿物晶簇。

(a)　　　　　　　(b)　　　　　　　(c)　　　　　　　(d)

图 2-1　几种天然铝硅酸盐矿物晶体的形态

（a）锂辉石晶体；（b）绿柱石晶体；（c）云母晶体；（d）石榴子石晶体

2.2　矿物晶体的性质

由于矿物晶体结构具有三维周期性原子结构重复排列规律，因此，所有矿物晶体都有以下的共同宏观性质。

2.2.1　自限性

自然界中矿物晶体都具有一定的几何多面体外形。这种矿物晶体的几何多面体外形并非是人为加工雕琢的产物，而是晶体生长过程中的必然产物。晶体的自限性也称自范性，是指晶体在其生长过程中，只要有适宜的空间条件，它们都能自发地长成规则几何多面体形态的性质。晶面是指晶体表面上自发长成的平面。晶棱是指晶面相交的棱。晶体的多面体形态受格子构造的制约，服从于一定的结晶学规律。

晶体能自发生成几何多面体外形的性质，源于晶体内部的空间格子构造。若将晶体内部格子构造和外部多面体几何形态联系起来，可以想象，包围晶体的平面（晶面）相当于晶体格子构造外露的面网；晶面的交线为晶棱，相当于晶体格子构造外露的行列；晶棱的会聚点为角顶，相当于格子构造中外露的行列交点

（节点）。晶体的几何多面体形态是其生长过程或生长完成后，构造单位依格子构造特征进行堆砌的外在结果。

2.2.2 均一性

晶体结构中质点排列的周期重复性，使得晶体的任何一个部分在结构上都是相同的。因而，由结构所决定的一切性质，如密度、导热和膨胀等物理性质，表面溶解、表面吸附等物理化学性质也都毫无例外地保持着它们各自的一致性，这就是晶体的均一性。同一晶体的任一部位的性质都是相同的。因为晶体具有空间格子构造，在同一晶体的各个不同部分，质点分布是一样的，所以晶体各个部分的物理、化学性质也是相同的。一块大的完好的晶体，根据需要切制成几块，做成光学棱镜、电光调制器、光存储器等元件，正是基于晶体所具有的均一性。

必须指出，非晶体质也具有均一性，但它是宏观统计、平均近似的，称为统计均一性。液体和气体也具有统计均一性。非晶体质的统计均一性是因为它们不具备晶体的那种格子构造。任何一种非晶体质，其远程构造，即离子基团、原子基团或分子基团之间的排列都是无序的，远程无序的内部构造，是非晶体质体具有统计均一性的内在原因。晶体的均一性和非晶体的均一性是不同的，晶体的均一性又称为结晶均一性，晶体的均一性是由其格子构造决定的，称为结晶均一性。

2.2.3 各向异性

晶体结构中不同方向上质点的种类和排列间距是互不相同的。从而反映在晶体的各种性质（化学的和物理的）上也会因方向而异，这就是晶体的各向异性。所有矿物晶体至少有些性质肯定是各向异性的。各向异性比较明显地表现在力学性质上，如解理性显示沿某些晶体的确定平面容易剥开。例如，α-铁晶体磁化难易程度在不同的方向上表现出不同（图2-2），就是这一性质的典型表现。研究晶体性质各向异性的常规方法是从晶体切割出不同方向的样品并测量沿这一方向的物性。

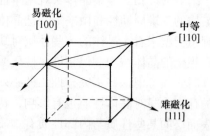

图 2-2　α-铁的磁化难易的方向

晶体的均一性和异向性是一个问题的两个方面，它从在晶体相同方向上具有相同的性质和不同方向上具有不同的性质这两个方面全面说明了晶体性质的方向性特征。晶体的内部构造是均一的，但在均一性的内部构造中，包含着在不同的方向上构造不同这一异向性。可以说，晶体是一种均一的各向异性体。

晶体的各向异性可用于晶体鉴定。例如光通过晶体时，在大多数晶体中，不同方向上振动的光具有不同的传播速度，从而产生了鉴别晶体的重要光学常数 N（折射率）和 ΔN（双折射率）。又如光在某些晶体中传播时，所显示的多色性现象等，这些光学异向性是鉴别晶体的重要特征。晶体的压电效应、半导体材料的单向导电性等都是对晶体异向性的具体应用[1]。

各向异性不完全是单晶体的特性，在液晶中、天然和合成的聚合物中都存在各向异性。这些物质的各向异性和单晶体一样，也是由原子结构决定的。晶体的各向异性，不是指所有性质在一切方向都不相同，即不排除在某些不同的、不连续变化的或间断的方向上存在着有规律的等同性。这种等同性不是别的，正是晶体对称性的表现。

2.2.4　对称性

晶体内质点在三维空间周期性排列本身就是一种微观对称。因此，从这个意义上来说，晶体的宏观对称性是其微观对称性的体现。晶体内质点排列的周期重复性是因方向而异的，但并不排斥质点在某些特定方向上出现相同的排列情况。晶体中这种相同情况的有规律出现以及由此而导致的晶体在形态（即晶面、晶棱和隅角）及各项物理性质上相同部分的规律重复，就构成了晶体的对称性（晶体的宏观对称性）。可以从对称性出发对晶体的均一性和各向异性进行概括。均一性从对称性来看是相对任一平移操作的不变性。各向异性本身也出现在对称性概念之内，即描述性质的函数本身是对称的。

由此可见，从宏观属性来看，晶体是均一、各向异性的、对称的物质。晶体的基本宏观标志即为均匀性、各向异性和对称性，其归根结底是晶体三维周期原子结构的产物。考察晶体宏观基本性质时，我们忽略微观的不均匀性，忽略原子结构的三维周期性和微缺陷，把晶体看成连续体，即均价的连续介质。从晶体的理想模型来看，晶体的一些性质对缺陷是不灵敏的，可以把它们看作是理想的或理想化的晶体结构。但是许多性质或多或少与结构缺陷有关，因此在研究这些物性时必须考虑这些不完整性，即必须考虑晶体的实际结构。应该指出：晶体表面的存在本身对晶体性质也有影响，特别是晶体不大的时候。大块单晶的表面和近表面层的某些性质与内部性质有本质的不同。因此，描述晶体某些特征时可以忽略边界的存在，把晶体看成无限；但在另一些场合下，我们必须考虑到这些边界，虽然这些边界的特点也是由内部性质决定的。

晶体的这一对称性概念，即外形的对称以及晶体物理和化学性质的对称，都是晶体内部格子构造对称的结果。晶体的对称性是晶体的一个极其重要的特性，是晶体分类的基础，在 2.3 节有关晶体的分类中会进一步加以讨论。

2.2.5　内能最小性

晶体的内能最小性是指，在相同的热力学条件下，较之于同种物质的气体、液体和非晶质体而言，晶体的内能最小。所谓内能主要是指晶体内部的质点在平衡点周围作无规则振动的动能和质点间相对位置所决定的势能之总和。

晶体的内能之所以最小，是由于组成它的质点做规则地格子状排列后，它们相互间的吸引和排斥完全达到平衡状态时而赋予晶体的一种必然性质。至于气体、液体和非晶质体，由于它们内部质点的排列是无规则的，因此质点间的距离不等于平衡距离，因而它们的势能比晶体大。实验证明，当物质由气态、液态、非晶质态过渡到结晶状态时，都有热能的析出；相反，晶体中晶格的破坏也必然伴随着吸热效应。

2.2.6　稳定性

对于化学成分相同的物质，以不同的物理状态存在时，其中以结晶状态最为稳定。在没有外加能量的情况下，晶体是不会自发地向其他物理状态转变的。这种性质即称为晶体的稳定性。晶体的稳定性是晶体具有最小内能性的必然结果，晶体中质点只在平衡位置上振动，晶体是一个稳定体系。非晶体质不稳定，或仅是准稳定的，有自发地转变为晶体的必然趋势。

晶体和一切非结晶体比较，从能量观点看具有最小内能；从构造观点看具有最紧密堆积的格子构造，这就是晶体的稳定性原因。而气体、液体的流动性，正是由于他们有相当大的内能以及内部构造的疏松无序。

2.3　晶体的分类

一切晶体都具有对称性，这是由晶体周期性的格子构造所决定的。但任何晶体的对称又都是有限的，受到晶体对称定律的约束，且对于不同的晶体而言，其对称性不同，因此对称性成为晶体分类的基础和依据。值得注意的是，晶体在实际生长的过程中，由于受各种不同的生长环境的影响，即使是同种晶体、同种晶面，其最后发育的结果亦会有所不同，因而使晶体外形本应具有的对称特点往往被掩盖起来。利用面角恒等定律（晶体外形的几何规律之一）及晶体测量、投影工作，可以把被掩盖了对称特点的真实晶体，恢复成一种所谓理想的晶体形态——单形或聚形。晶体不同，其理想晶形也不同。所以，把真实晶体复原至理想形态，可以达到鉴别晶体的目的。另外，只有知道了晶体的理想形态，才能知道真实晶体形态的变异程度，这对于分析晶体生长环境、分析铝硅酸盐矿物晶体结构特点是一个很重要的方面。

对晶体进行科学分类是深入研究矿物晶体其他属性的基础。由于对称性是晶体的基本性质，按照对称性能够对晶体进行科学的划分，这种分类就是晶体的对称分类。关于晶体分类的基础——对称要素、对称操作、对称定律和对称型等相关知识内容读者可以查阅结晶学的经典教材。

晶体的对称分类体系中共包括3个晶族、7个晶系和32个晶类。其分类体系及其划分依据见表2-1。

表2-1 32个对称型及晶体分类表

晶族	晶系	对称特点	对称型			晶类名称	晶体实例
			习惯符号	圣弗利斯符号	国际符号（简化）		
低级晶族（无高次轴）	三斜晶系	无P，无L^2	L^1	C_1	1	单面	高岭石
			$\underline{C}$	$C_i = S_2$	$\bar{1}$	平行双面	钙长石、钠长石
	单斜晶系	L^2或P不多于1个	L^2	C_2	2	轴双面	锂辉石
			P	$C_s = C_{1h}$	m	反映双面	斜晶石
			$\underline{L^2PC}$	C_{2h}	$2/m$	斜方柱	滑石
	斜方晶系	L^2或P多于1个	$3L^2$	D_2	222	斜方四面体	泻利盐
			L^22P	C_{2v}	mm（$mm2$）	斜方单锥	异极矿
			$\underline{3L^23PC}$	$D_{2h} = V_h$	mmm	斜方双锥	橄榄石、重晶石
中级晶族（只有一个高次轴）	四方晶系	有1个L^4或L_i^4	L^4	C_4	4	四方单锥	四银铅矿
			L^44L^2	D_4	422	四方偏方面体	镍矾
			L^4PC	C_{4h}	$4/m$	四方双锥	白钨矿
			L^44P	C_{4v}	$4mm$	复四方单锥	羟氯银铅矿
			$\underline{L^44L^25PC}$	D_{4h}	$4/mmm$	复四方双锥	金红石、锡石
			L_i^4	S_4	$\bar{4}$	四方四面体	砷硼钙石
			$L_i^42L^22P$	$D_{2d} = V_d$	$\bar{4}2m$	复四方偏三角面体	黄铜矿
	三方晶系	有一个L^3	$\underline{L^3}$	C_3	3	三方单锥	细硫砷铅矿
			$\underline{L^33L^2}$	D_3	32	三方偏方面体	α-石英
			$\underline{L^33P}$	C_{3v}	$3m$	复三方单锥	电气石
			$L^3C = L_i^3$	$C_i^3 = S_6$	$\bar{3}$	菱面体	钛铁矿
			L^33L^23PC	D_{3d}	$\bar{3}m$	复三方偏三角面体	刚玉、赤铁矿
	六方晶系	有一个L^6或L_i^6	L^6	C_6	6	六方单锥	霞石
			L^66L^2	D_6	622	六方偏方面体	β-石英
			L^6PC	C_{6h}	$6/m$	六方双锥	磷灰石
			L^66P	C_{6v}	$6mm$	复六方单锥	红锌矿
			$\underline{L^66L^27PC}$	D_{6h}	$6/mmm$	复六方双锥	绿柱石
			$L_i^6 = L^3P$	C_{3h}	$\bar{6}$	三方双锥	磷酸氢二银
			$L_i^63L^23P$	D_{3h}	$\bar{6}2m$	复三方双锥	蓝锥矿

晶族	晶系	对称特点	对称型			晶类名称	晶体实例
			习惯符号	圣弗利斯符号	国际符号（简化）		
高级晶族（有数个高次轴）	等轴晶系	有四个 L^3	$3L^24L^3$	T	23	五角三四面体	香花石
			$\underline{3L^24L^33PC}$	T_h	$m3$	偏方复十二面体	黄铁矿
			$3L_i^44L^36P$	T_d	$\overline{4}3m$	六四面体	黝铜矿
			$3L^44L^36L^2$	O	432	五角三八面体	赤铜矿
			$\underline{3L^44L^36L^29PC}$	O_h	$m3m$	六八面体	石榴子石、磁铁矿

注：1. L、C、P 分别为对称轴、对称中心和对称面，每个符号前的数是对称要素的数目；下有横线者为常见的重要对称型。

2. 资料来源：引自李胜荣等，2008，编者修订[2]。

  自然界矿物晶体种数最多的晶系依次为斜方、单斜和等轴这 3 个晶系，它们共占矿物种总数的 2/3，其中斜方和单斜晶系约各占 1/4，等轴晶系约占 1/6。当已知某种晶体的对称型，便可知在该晶体具有相同对称要素的方向上具有相同的物理、化学性质。即晶体的宏观性质是按对称型所反映出的对称特点呈对称分布的。所以可以说晶体的均一性和晶体的对称型是晶体的两个不可分割的性质，即晶体的均一性呈对称分布。

2.4 单形和聚形

2.4.1 单形的定义

  晶体的理想形态有单形和聚形之分。单形是由对称要素联系起来的一组同形等大晶面的组合。单形是一个晶体上能够由该晶体的所有对称要素操作而使它们相互重复的一组晶面。这样的一组晶面性质是等同的，表现为各晶面物理性质、晶面花纹及蚀像花纹相同。也就是说，通过每一对称型中对称要素的作用，可以推导出由某个一定形状的晶面组成的所谓单形来。

  通过对称型推导单形，可通过实例加以说明。图 2-3 所示为对称型 L^4PC 推导单形示意图。在对称型 L^4PC 中，L^4 和 P 垂直，其交点为 C。晶面和对称要素间可有图 2-3 所示三种关系[3]。

2.4.2 结晶单形与几何单形

  每一种对称型，单形晶面与对称要素之间的相对位置最多只可能有 7 种。因此，一种对称型最多能导出 7 种单形。对 32 种对称型逐一进行推导，可最终导出结晶学上 146 种不同的单形，称为结晶单形。在这 146 种不同的单形中，有些

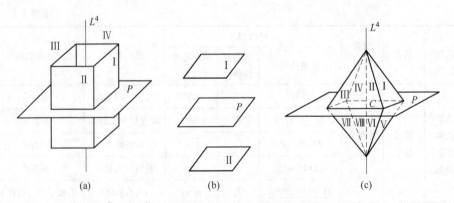

图 2-3 对称型 L^4PC 推导单形示意图

（a）四方柱单形；（b）平行双面单形；（c）四方双锥

具有完全相同的几何形态，但它们属于不同的对称型，即不同的对称型推导出的单形也可以具有相同的几何形态，例如图 2-4 所示的 5 个立方体结晶单形属于一个几何单形。所以不考虑单形所属的对称型，只考虑单形的形状，可以将 146 种结晶单形归纳成 47 种单形（称为几何单形）。47 种几何单形列于图 2-5 中。

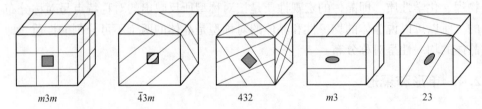

$m3m$ $\overline{4}3m$ 432 $m3$ 23

图 2-4 立方体的 5 个结晶单形，晶面上花纹表示了各立方体的对称性[4]

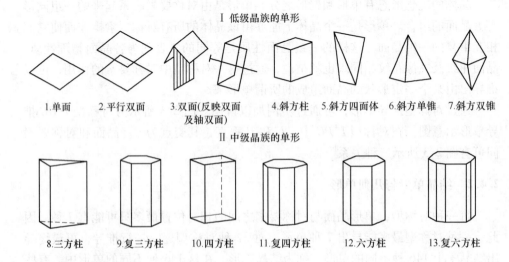

Ⅰ 低级晶族的单形

1.单面   2.平行双面   3.双面(反映双面   4.斜方柱   5.斜方四面体   6.斜方单锥   7.斜方双锥
                       及轴双面)

Ⅱ 中级晶族的单形

8.三方柱   9.复三方柱   10.四方柱   11.复四方柱   12.六方柱   13.复六方柱

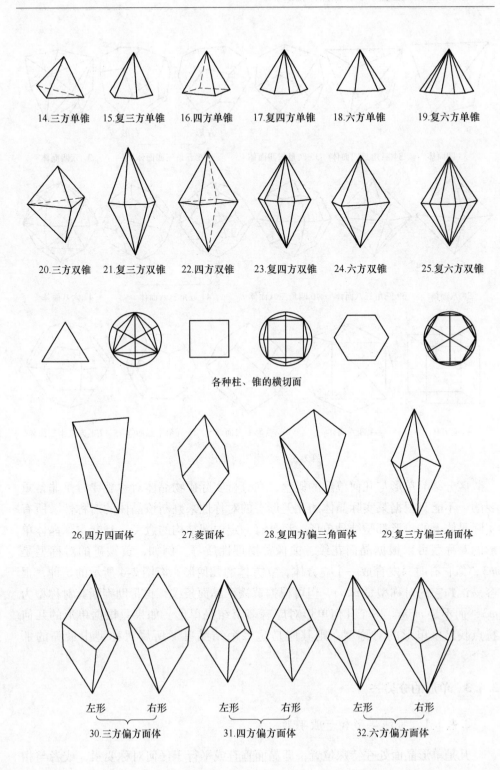

14.三方单锥　15.复三方单锥　16.四方单锥　17.复四方单锥　18.六方单锥　19.复六方单锥

20.三方双锥　21.复三方双锥　22.四方双锥　23.复四方双锥　24.六方双锥　25.复六方双锥

各种柱、锥的横切面

26.四方四面体　　27.菱面体　　28.复四方偏三角面体　29.复三方偏三角面体

左形　　　右形　　　　左形　　　右形　　　　左形　　　右形

30.三方偏方面体　　31.四方偏方面体　　32.六方偏方面体

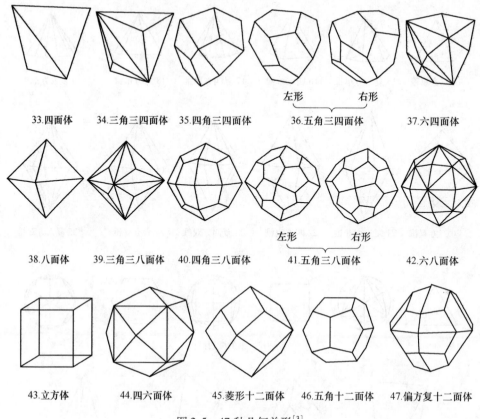

33.四面体　　34.三角三四面体　35.四角三四面体　　36.五角三四面体（左形 右形）　37.六四面体

38.八面体　　39.三角三八面体　40.四角三八面体　41.五角三八面体（左形 右形）　42.六八面体

43.立方体　　44.四六面体　　45.菱形十二面体　46.五角十二面体　47.偏方复十二面体

图 2-5　47 种几何单形[3]

　　区分结晶单形与几何单形的概念，在分析实际矿物晶体对称规律时是非常重要的，不能只根据某实际晶体的几何形态的对称性来判断该晶体的对称性。所有实际晶体上的单形都是结晶单形，都具有一定内部结构的意义。判断实际晶体单形的对称型可以根据晶面花纹、蚀像、物理性质等。例如，黄铁矿的对称型是 $m3$，但它有时只发育成一个立方体，立方体的几何形态有图 2-4 所示的 5 种，很容易误判它的对称型是 $m3m$，但可根据黄铁矿晶面条纹，再帮助判断其对称型为 $m3$，而不是 $m3m$。一个几何单形对应有多个结晶单形。如果只根据单形的几何特点找出该单形的对称型，则其应是这多个结晶单形所属对称型中最高的那一个。

2.4.3　单形的分类

2.4.3.1　特殊单形和一般单形

　　凡是单形晶面处在特殊位置，即晶面垂直或平行于任何对称要素，或者与相同的对称要素以等角相交，这种单形称为特殊单形；四方柱和平行双面中的面与对称要素呈平行或垂直关系，对于这种和对称要素成特殊关系的单形又可视为特殊单形。反之，单形晶面处于一般位置，既不与任何对称要素垂直或平行，也不与相同的对称要素以等角相交，这种单形称为一般单形。例如像四方双锥的晶面和对称要素呈斜交关系，这种单形又可称为一般单形。

一个对称型只可能有一个一般单形，这个一般单形的原始晶面都应该位于对称型的极射赤平投影图中的最小重复单位（似三角形）的中部。每个对称型的一般单形都是不同的，所以一般单形可作为每个对称型所有单形的代表，因此表2-1中晶类的名称都是以一般单形的名称来命名。

2.4.3.2　左形和右形

一个单形通过镜像反映后形成另一形态相同空间取向相反的单形——同形反向体，这两个同形反向体构成了左右对映形，其中一个称为左形，另一个称为右形。

左形与右形多为镜像反映关系，人的双手是众所周知的左右形的实例。左右形只出现在仅具有对称轴而不具有对称面、对称中心和旋转反伸轴的对称型中。例如三方偏方面体的左右形常在α-石英晶体上出现。

2.4.3.3　正形和负形

取向不同的两个相同单形，如果相互之间能够借助于旋转操作彼此重合，则两者互为正形、负形。如图2-6所示，菱面体的正形、负形——正形相当于负形旋转了60°。

从上面的描述中可以看出正形和负形没有什么本质的区别，因为任何一个单形（甚至任何物体）在旋转之后只是

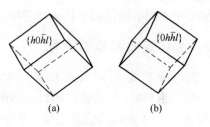

图2-6　菱面体
（a）正形；（b）负形

方位改变了，其他性质什么都没变。但是，如果在具体的晶体上发育某个单形的正形或负形（即从结晶单形的意义来看），正形的晶面结构性质与负形的晶面结构性质肯定是不同的，所以它们可以被认为是属于同一对称型的两个结晶单形。

2.4.3.4　开形和闭形

在几何单形中，像四方双锥这种封闭了一定空间的单形称为闭形；而像四方柱和平行双面均未能封闭一定的空间，这类单形称为开形。

2.4.3.5　定形和变形

单形晶面间的角度恒定者，称定形；反之称变形。属于定形的单形有单面、平行双面、三方柱、四方柱、六方柱、四面体、八面体、菱形十二面体和立方体9 种；其余单形皆为变形。定形与变形可根据单形符号区别：定形的单形符号都为数字，如 {111}、{100}、{110} 等；变形的单形符号由字母组成，如 {hkl}、{hk0} 等。

2.4.4　聚形

理想晶体形态以单形形态出现者为数不多。大量的晶体形态是由属于同一晶类的单形聚合而成的封闭一定空间的几何多面体，这种由属于同一晶类的两个或两个以上的单形聚合而成的几何多面体，称为聚形。另外需要注意的是，真实晶体不可能是开形。如单形四方柱是开形，不可能是真实晶体形态，只有和平行双面相聚合，才能形成四方柱体的真实晶体形态。自然界的矿物晶体绝大多数都是聚形晶体。一个晶体中有多少种单体相聚，其聚形上就会出现多少种不同性质的晶面，它们的性质各异。对于理想形态而言，他们的形状和大小也不同。属于同一对称型的单形才能相聚。即一个聚形中所有单形的对称型是相同的。只有属于同一对称型的单形才能在同一晶体上出现。

在聚形中，各单形的晶面数目及相对位置都没有改变，但由于单形各晶面彼此相互切割，使聚形中的晶面形状与原来在单形中相比，可能会有所改变，所以在聚形中不能根据晶面形状来判定单形，必须想象延伸得出单形名称。

2.5　晶体定向和晶面符号

在讨论矿物晶体的性质时，常常会用（110）、（010）、（001）…或者 [110]、[-110]…或者 {001}、{100}…这样几种被小括号、中括号、大括号括起来的 3~4 个阿拉伯数字所组成的符号。在这 3 种符号中，小括号及括起来的几个阿拉伯数字称为晶面符号，中括号及括起来的几个阿拉伯数字称为晶棱符号（晶带符号），大括号及括起来的几个阿拉伯数字称为单形符号。这些符号分别代表了晶体的某一晶面、某一晶棱、某一单形在三维空间所处的方位，可运用此类简单的符号来描述它们所具有的性质[5]。

具体确定这些符号，在晶体几何学中采用和解析几何学中相同的方法，即选择晶体的坐标系统（亦谓晶体定向），然后确定晶面、单形、晶棱与坐标系的关系，再以一定的符号把它们在坐标系中的位置表述出来。

2.5.1　晶体定向和晶体常数

晶体定向就是选择晶体的坐标系，亦即选择坐标轴 X、Y、Z（X、Y、Z 亦称晶轴），确定晶轴的单位长之比 $a:b:c$。进行晶体定向时，为了定向简便以及定向后所引出的晶面符号简单明了，确定了晶体定向的如下原则：晶轴要互相垂直或尽量垂直，轴单位要彼此相等或近等。

可以发现，晶体的对称轴或对称面的法线往往符合上述原则。当晶体的对称型确定以后，可尽量先利用对称轴，特别是高、中级晶族中的高次对称轴作为晶轴，在对称轴不足时可选择对称面的法线方向（亦为行列）作为晶轴，如果晶体的对称面亦不足，则可选用交角近90°的晶棱方向作为晶轴。在这里，之所以尽量先采用对称要素作为晶轴，是因为晶体中某一单形的每一个晶面和对称要素的关系是等效的。

如图 2-7 所示，所选择的晶轴是互相垂直的，$X \perp Y \perp Z$，它们之间的夹角——轴角 $\alpha = \beta = \gamma = 90°$，晶轴 X、Y、Z 的交点，即坐标系的原点位于晶体中心。Z 轴直立，Y 轴东西向平行于读者，X 轴垂直于读者。

根据选轴原则，选择对称轴、对称面法线或晶棱方向作为晶轴。这些方向实际上都是晶体内部构造中的行列方向，所以晶轴 X、Y、Z 上的轴单位长度，实际上为该方向行列的结点间距。在晶体定向工作中，把作为晶轴的行列上的结点间距称之为轴单位。X 轴上的轴单位以"a"表示，Y 轴上的 a 单位以"b"表示，Z 轴上的 a 单位以"c"表示。轴单位之比 $a:b:c$ 又称为轴率。

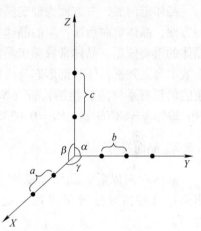

图 2-7 晶轴、轴角、轴单位

晶体定向后所产生的轴角 α、β、γ 和轴率 $a:b:c$ 统称为晶体常数。各晶系对称特点不同，选择晶轴的方法也不同，具体选择原则见表 2-2。

表 2-2 各晶系选择晶轴的原则及晶体常数特点

晶　系	选择晶轴的原则	晶体常数特点
等轴晶系	以相互垂直的 L^4 或 L_i^4 为晶轴；无 L^4 或 L_i^4 时以相互垂直的 L^2 为晶轴	$a = b = c$ $\alpha = \beta = \gamma = 90°$
四方晶系	以 L^4 或 L_i^4 为 Z 轴；以垂直 Z 轴并相互垂直的 L^2 或 P 的法线为 X、Y 轴。当无 L^2 或 P 时，X、Y 轴平行晶棱选取	$a = b \neq c$ $\alpha = \beta = \gamma = 90°$
三方晶系及六方晶系	以 L^3、L^6、L_i^6 为 Z 轴；以垂直 Z 轴并彼此以120°相交（正端间）的 L_2 或 P 的法线为 X、Y、U 轴，无 L_2 或 P 时 X、Y、U 轴平行晶棱选取	$a = b \neq c$ $\alpha = \beta = 90°$ $\gamma = 120°$

晶 系	选择晶轴的原则	晶体常数特点
斜方晶系	以相互垂直的 3 个 L_2 为 X、Y、Z 轴；在 $L^2 2P$ 对称型中以 L^2 为 Z 轴，两个 P 的法线为 X、Y 轴	$a \neq b \neq c$ $\alpha = \beta = \gamma = 90°$
单斜晶系	以 L^2 或 P 的法线为 Y 轴，以垂直 Y 轴的主要晶棱方向为 X、Z 轴	$a \neq b \neq c$ $\alpha = \gamma = 90°$ $\beta > 90°$
三斜晶系	以不在同一平面内的 3 个主要晶棱的方向为 X、Y、Z 轴	$a \neq b \neq c$ $\alpha \neq \beta \neq \gamma \neq 90°$

晶体定向后，一方面为确定晶面符号、单形符号、晶棱符号做好了准备；另一方面，晶体定向后所产生的晶体常数因晶体不同而异，所以晶体常数又是鉴别晶体的重要依据。晶体常数源于晶体的对称特点及晶体的内部构造，所以，晶体常数本身是判别晶体外部形态及内部构造对称程度高低的重要数据。如属三斜晶系的斜长石系列的矿物钠长石（$NaAlSi_3O_8$），它的晶体常数是 $\alpha = 94°03'$，$\beta = 116°29'$，$\gamma = 88°09'$；$a:b:c = 0.6335:1:0.5577$。

2.5.2 晶面符号

晶体定向以后，晶面在三维空间的方位可由晶面和晶轴的交截情况反映出来。这种相对位置可以用一定的符号来表征，这种表征的符号称为晶面符号。

（1）晶面符号的确定。如图 2-8 所示，晶体上任意一个晶面 ABC 在 X、Y、Z 轴上的截距依次为 OA、OB、OC，已知轴单位为 a、b、c，则该晶面在晶轴上的截距系数 p、q、r 分别为：$p = OA/a$，$q = OB/b$，$r = OC/c$。1774 年，法国学者阿羽依总结出了整数定律：晶面在晶轴上的截距系数之比为简单整数比。即对任何晶体而言，截距系数 p、q、r 皆为简单的整数比。在整数定律的基础上，W. H. Miller 提出了米氏符号（hkl）。这种符号是基于"既然晶面在晶轴上的截距系数之比为简单整数比，那么截距系数倒数之比亦定为简单整数比"的道理提出

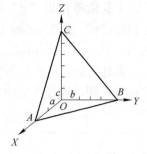

图 2-8 晶面符号图解

的。所以就晶面 ABC 而言，截距系数的倒数比为 $(1/p):(1/q):(1/r) = (1/2):(1/3):(1/6) = 3:2:1 = h:k:l$。取 $h:k:l$ 的最简单整数比，此时的 h、k、l 就称为晶面指数。晶面符号写作（hkl），对于晶面 ABC，其符号即为（321）。

对于三方和六方晶系晶体，如仍按上述选取 3 个坐标轴进行定向，会产生同一单形的各个晶面与晶轴的相对位置关系不同的情况。因此，根据三方、六方晶

系的对称特点，当前大量应用的是图 2-9 所示的布拉维四轴定向法，X 轴斜向读者左方，前正后负；Y 轴东西向平行于读者，右正左负；U 轴斜向于读者右方，后正前负（正负均以坐标系原点分界）。这样，X、Y、U 轴的正向交角是为 120°。四轴定向后，晶面符号中将产生 4 个晶面指数。对于三方、六方晶系晶面指数按 X、Y、U、Z 轴顺序排列，一般式写作 $(hki l)$，其中 $h + k + \bar{i} = 0$。

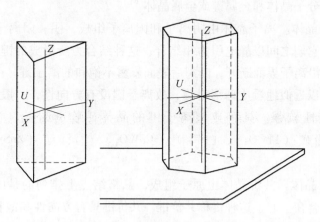

图 2-9　布拉维四轴定向图解

　　显然，晶面在某晶轴上的截距系数越大，则晶面符号中对应的晶面指数越小。如果晶面平行于某一晶轴，则对应的晶面指数为 0。截距系数以坐标系原点分界，令交于 X 轴的前端、Y 轴的右端、Z 轴的上端为正值；相反方向则为负值。因此所对应产生的晶面指数也据此确定正负。在晶面符号中，晶面指数为负时，负号写于该指数的上端，例如高岭石的 $(00\bar{1})$ 面。

　　像在立方体这样的单形晶体中，每个晶面符号中所不同的只是三个晶面指数的顺序和正负。在立方体中，六个晶面符号都由两个"0"和一个"1"组成。这说明，同一单形中的各个晶面与晶轴之间有相同的相对位置关系。在立方体中，六个晶面均和两个晶轴平行和另一晶轴直交，且直交后的截距系数绝对值相等。因此，人们从各种单形中，选择出靠 X 轴的前、右、上方的晶面，将其晶面符号中的指数改用大括号括起来，用以代表整个单形，称之为单形符号，简称形号。如立方体的形号为 $\{100\}$。在单形符号 $\{hkl\}$ 中，存在着 $h \geqslant k \geqslant l$ 的关系。

　　同一单形符号可代表不同晶系中的单形。如 $\{100\}$ 既是等轴晶系立方体的形号，又是四方晶系四方柱的形号。此外，晶体定向时，由于不同作者的晶轴选择有所不同，造成了同一单形在不同文章中会有不同的形号出现。如四方柱的对称型为 L^4，当选择对面中心连线的 $3L^2$ 为 X、Y 轴时，四方柱形号应为 $\{100\}$，当选择对棱中心连线的 $3L^2$ 为 X、Y 轴时，则四方柱的形号为 $\{110\}$。

2.6　矿物的解理

2.6.1　矿物的价键类型

矿物内部结构按键能可分为四大类，即离子键或离子晶体、共价键或共价晶体、分子键或分子晶体和金属键或金属晶体[6]。

（1）离子晶体。离子晶体由阴离子和阳离子组成，阴、阳离子交替排列在晶格结点上，它们之间以静电引力相结合，这种结合力所形成的键称为离子键。矿物断裂时，沿离子界面断开，断裂后表面暴露不饱和的离子键。由于阴、阳离子的电子云可以近似地看成球形对称，故离子键没有方向性，一般配位数较高、硬度较大、极性较强。具有典型离子键的晶体矿物有岩盐（$NaCl$）、萤石（CaF_2）、白铅矿（$PbCO_3$）、白钨矿（$CaWO_4$）、闪锌矿（ZnS）和方解石（$CaCO_3$）等。

（2）共价晶体。共价晶体由原子组成，晶格结点上排列的是中性原子，靠共用电子对结合在一起，这种键称共价键。共价键具有方向性和饱和性，一般配位数很小，因此，该晶体结构的紧密程度远比离子晶格低。原子晶格中没有自由电子，故晶体是不良导体；晶格断裂时，必须破坏共价键，故极性较强。共价键键合强度比离子键高，因此晶体的硬度比离子晶体高。自然界单纯以共价键结合的晶体在矿物中较少见，最典型的如金刚石（C），多数晶体为离子键和共价键的混合键型，如石英（SiO_2）、锡石（SnO_2）、金红石（TiO_2）等。

（3）分子晶体。分子晶体的晶格中分子是结构的基本单元，分子间由极弱的范德华力（即分子间力）或分子键连接。晶格破裂时暴露出的是弱分子键。分子间无自由电子运动，为不良导体。组成分子晶体的分子键力很弱，因此硬度较小，对水的亲合力弱。多数层状结构矿物层与层之间常以弱分子键相连，如石墨（C）、辉钼矿（MoS_2）等。

（4）金属晶体。金属晶体的结点上为金属阳离子，周围有自由运动的电子，阳离子与公有电子相互作用，结合成金属键。金属键无方向性和饱和性，具有最大的配位数和最紧密的堆积。晶格断裂后其断裂面上为强不饱和键。自然金（Au）和自然铜（Cu）属于此类。

自然界中的矿物很少由单一的键组成，常见的矿物多为混合键或过渡键型晶体，如方铅矿、黄铁矿等具有半导体性质的硫化矿物，其键是介于离子键、共价键和金属键之间的过渡形式的键，是含有多种键能的晶体；像一水硬铝石等氢氧化物矿物则多为离子键、分子键混合键型，多种元素所构成的晶体常同时存在几种不同性质的键。同一元素组成的晶体内有时也有不同的键。

2.6.2 矿物的解理、裂开和端口

解理、裂开和断口都是矿物在应力作用下，应变超过了其弹性限度时所发生的破裂，但是引起这三种破裂的因素各有不同。

2.6.2.1 解理

矿物晶体受外力（敲打、挤压）作用后，沿着一定的结晶方向发生破裂，并能裂出光滑平面的性质称为解理。破裂的光滑平面称为解理面。如果矿物受外力作用，在任意方向破裂并呈各种凹凸不平的断面，则称其为断口。

解理是矿物晶体才具有的特性，解理的产生与晶体的内部构造有着密切关系。它主要取决于结晶构造中质点的排列及质点间连接力的性质。解理往往沿着面网间化学键力最弱的方向产生。解理是晶体的各向异性的具体体现之一。

根据解理产生的难易和完善程度，将矿物的解理分为五级：

（1）极完全解理。矿物在外力作用下极易破裂成薄片。解理面光滑、平整；很难发生断口。如云母（001）、石墨（0001）、透石膏（010）等。

（2）完全解理。矿物在外力作用下很容易沿解理方向破裂成小块（不成薄片），解理而光滑且较大；较难发生断口。如方铅矿（100）、方解石（$10\bar{1}4$）等。

（3）中等解理。矿物在外力作用下可以沿解理方向裂成平面。但解理面不太平滑；断口较易出现。因此在其破裂面上既可以看到解理面又可看到断口。如辉石（110）等。

（4）不完全解理。矿物在外力作用下不易裂出解理面。出现的解理面小而不平整，多形成断口，仔细观察才能见到解理面。如磷灰石（0001）、橄榄石（100）等。

（5）极不完全解理。矿物受外力作用后极难出现解理，多形成断口，一般称为无解理，如石英、石榴石等。

由此可见，矿物的解理与断口出现的难易程度是互为消长的，也就是说在容易出现解理的方向不易出现断口。一个晶体上被解理面包围越多，则断口出现的机会越少。

矿物晶体中可以有一种或一种以上不同等级的解理。如方解石具（$10\bar{1}4$）完全解理，透石膏具（010）极完全解理以及（100）和（011）中等解理等。对于每种矿物，解理的特点（发育程度、组数、夹角）是固定不变的。同种矿物具相同的解理，不同的矿物具有不同的解理，故解理是矿物的重要鉴定特征。在实际观察和鉴定解理特征时，应注意在矿物单体上观察，因为矿物的解理是在单体中产生的，应选一个晶体较大、解理清晰的单体对着光线转动标本进行观察，如出现反光一致一系列平行或呈阶梯状的光滑平面，则可判断为解理。

2.6.2.2 裂开

从现象上看，裂开也是矿物晶体在外力作用下，沿着一定结晶方向破裂的性质。裂开的面称裂开面。从外表上看，它同解理很相似，但两者的成因不同。

裂开产生的原因一般认为可能是沿着双晶接合面特别是聚片双晶的接合面产生。也可能是因为沿某一种面网存在有他种成分的细微包裹体，或者是固溶体离溶物，这些物质作为该方向面网间的夹层，有规律地分布着，使矿物产生裂开（如磁铁矿沿（111）方向的裂开）。可见裂开是由一些非固有的原因引起的定向破裂。因此，裂开和解理在本质上是不同的。其区别方法主要是：裂开面很少是特别光滑的，常只沿一个方向发生；而解理则沿该结晶方向在矿物的各个部分都能发现。裂开只发生在同一矿物种的某些矿物个体中，而在另一些个体中可以不存在；而具有解理的矿物，在其所有个体中皆存在。解理裂开也可作为一种鉴定特征，对某些矿物种来说具有重要鉴定意义，如磁铁矿含 Ti 夹层时，产生的（111）八面体裂开，刚玉（聚片双晶的刚玉个体有菱面体裂开）。裂开有时还可帮助分析矿物成因及形成历史。

2.6.2.3 断口

断口与解理不同，它在晶体或非晶体矿物上均可发生。容易产生断口的矿物，由于其断口常具有一定的形态，因此可用来作为鉴定矿物的一种辅助特征。根据断口的形状，常见的断口有下列几种：

（1）贝壳状。断口呈椭圆形的光滑曲面，面上常出现不规则的同心条纹，与贝壳相似。石英和多数玻璃质矿物具有这种断口。

（2）锯齿状。断口呈尖锐的锯齿状。延展性很强的矿物具有此种断口。如自然铜等。

（3）纤维状及多片状。断口面呈纤维状或细片状。如纤维石膏、蛇纹石等。

（4）参差状。断口面参差不齐、粗糙不平，大多数矿物具有这种断口。如磷灰石等。

（5）土状。断面呈细粉末状，为土状矿物，如高岭石、铝矾土等矿物所特有的断口。

2.6.3 矿物的断裂面

矿石破碎时，矿物沿脆弱面（如裂缝、解理面、晶格间含杂质区等）裂开，或沿应力集中部位断裂。当矿物晶体受到外力作用破碎时，主要在晶体结构内键合力最弱的面网之间发生断裂，如沿着相互距离较大的面网、两层同号离子相邻的面网、阴阳离子电性中和的面网、弱键连接的面网以及沿裂缝或晶格内杂质聚集的区域等处裂开。图 2-10 列出了 6 种典型的晶体结构，现以解理面为基础，简要分析一下它们的断裂面[6]。

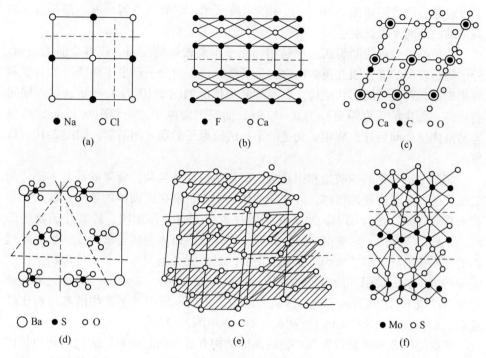

图 2-10 典型矿物晶格及可能断裂面

（a）岩盐（NaCl）；（b）萤石（CaF$_2$）；（c）方解石（CaCO$_3$）；

（d）重晶石（BaSO$_4$）；（e）石墨（C）；（f）辉钼矿（MoS$_2$）

单纯离子晶格断裂时，常沿着离子界面断裂，图中的虚线表示断裂面。如岩盐为单纯离子晶格，断裂时，常沿着离子间界面断裂，在解理面上分布有相同数目的阴离子和阳离子，可能出现的断裂面如图 2-10（a）中的虚线所示。

较复杂的离子晶格，则其解理面的规律是：（1）不会使基团断裂；（2）往往沿阴离子交界面断裂，就是沿 CO$_3^{2-}$ 离子交界面断开，只有当没有阴离子交界层时，才可能沿阳离子交界层断裂；（3）当晶格中有不同的阴离子交界层或者各层间的距离不同时，常沿较脆弱的交界层或距离较大的层面间断裂。

萤石也是离子晶格，它的断裂主要沿图 2-10（b）中的虚线进行。由图可见，在萤石的晶格中有 2 种面网排列方式：一种是 Ca^{2+} 与 F$^-$ 面网相互排列，另一种是 F$^-$ 与 F$^-$ 面网排列。Ca^{2+} 和 F$^-$ 之间存在着较强的键合能力；F$^-$ 间的电性相同，它们之间的静电斥力导致了晶体内的脆弱解理面。因此，当受外力作用破碎时，萤石常沿 F$^-$ 组成的平面网层断裂开。

方解石虽然也是离子晶格，但在它的晶格中含有基团 CO$_3^{2-}$，因 C—O 间为更强的共价键结合，所以不会沿酸根中的 C—O 共价键断开。受外力破碎时，将沿图 2-10（c）中的虚线所表示的 CO_3^{2-} 与 Ca^{2+} 交界面断裂。

重晶石的碎裂如图 2-10（d）中的虚线所示，它有 3 个解理面，都是沿含氧离子的面网间发生破裂。

共价晶格的可能断裂面，常是相邻原子距离较远的层面，或键能弱的层面。分子键是较弱的键，因此当矿物含有分子键时，常使分子键发生破碎。如石墨和辉钼矿都具有典型的层状结构。石墨的断裂情况如图 2-10（e）所示，层与层间的距离（图中的垂直距离）为 0.339nm，而层内碳原子之间相距 0.12nm，所以容易沿此层片间裂开；辉钼矿则是沿平行的硫原子的层片间断裂，如图 2-10（f）所示。

实践中最常见的硅酸盐和铝硅酸盐矿物结构非常复杂，骨架的最基本单位为二氧化硅，硅氧构成四面体，硅在四面体的中心，氧在四面体的顶端，彼此联系起来构成骨架。在骨架内，原子间距离在各个方向上都相同。硅酸盐矿物中的 Si^{4+} 易被 Al^{3+} 取代，形成铝硅酸盐矿物，其硅氧四面体中硅与氧的比例影响解理面的性质。另外，Al^{3+} 比 Si^{4+} 少 1 个正价，因此就必须引入 1 个 1 价阳离子，才能保持电中性，被引入的离子常常是 Na^+ 和 K^+，但 Na^+ 或 K^+ 处于骨架之外，骨架与 Na^+ 或 K^+ 之间为离子键，硅氧之间为共价键，所以此类矿物的断裂面比较复杂，如钾长石（$KAlSi_3O_8$）、钠长石等（$NaAlSi_3O_8$）等。

矿物的解理和断裂特性与矿物的晶体结构有着密切的关系，矿物结构包括矿物内部的晶格构造、内部化学键的性质与强弱等。了解了矿物的晶体结构，就能根据晶体的解理规律，预测矿物将从哪一部位裂开，裂开后表面应具有的性质，从而可以了解矿物的浮选特点。矿物的晶体结构与矿物的解理方向具有对应关系。一定结构的矿物晶体在外力的作用下将沿着一定的结晶方向破裂成光滑的平面。根据发生解理的难易和解理面完好的程度，解理可分为极完全解理、完全解理、中等解理、不完全解理和无解理。矿物的解理面一般平行于面网密度最大的面网、阴阳离子电性中和面网、两层间同号离子相邻的面网及化学键力最强的方向。

另外，晶体结构相同的同种矿物，当破碎方式不同时，也会对矿物的解理性质产生影响。即矿物破碎方式不同，解理也不同，因此可以利用它们之间的关系，通过采用不同的粉碎方式对特定的矿物进行选择性破碎，获得所需的解理面，然后采用相应浮选方法进行分离。

2.7 铝硅酸盐矿物晶体化学基本原理

2.7.1 鲍林规则

1926～1927 年，戈尔德施密特（V. M. Goldschmidt）在简单离子化合物结构资料的基础上提出了他的晶体化学定律：晶体的结构取决于组成者的数量关系、大小关系与极化性能。这一定律主要用于二元化合物，对诸如硅酸盐等复杂化合物却过于笼统、不具体，指导作用有很大局限。1928～1929 年鲍林在戈尔德施密特定律的基础上，结合大量复杂多样含氧酸盐的晶体结构信息，总结了一整套关于离子化合物晶体结构的规则。鲍林第一规则主要涉及配位多面体的几何、物理特性；第二规则（电价规则）涉及多面体每个顶角如何被若干多面体共用的问题；第三规则涉及多面体共用棱和面将降低结构稳定性的问题；第四规则涉及怎样的多面体倾向于不共用其多面体几何元素的问题；第五规则则要求同种离子或离子基团在离子晶体结构中结合方式的类别趋于最少。在这几项规则中前两项规则最为重要，它们是这一套规则的核心。至于鲍林规则的局限性在于其主要适用离子性成分高的化合物，应用有一定的范围[7]。

2.7.1.1 鲍林第一规则

在每个正离子周围形成一个由若干负离子组成的配位多面体，正负离子间距取决于正负离子半径和，正离子的配位数取决于正负离子半径之比。

第一规则包括三个方面，即：（1）在正离子周围形成由负离子包围的配位多面体；（2）多面体的顶角数及其类型取决于正负离子的相对大小，即其半径比；（3）多面体的大小或正负离子间的距离则取决于正负离子的半径和。将三方面概括起来即为"以正离子为中心的配位多面体的大小与类型取决于正负离子的几何尺寸"。这一规律的理论基础在于：在保持正负离子接触的前提下，正离子与尽量多的负离子接触将有利于离子晶体能量的降低。另外，选择正离子为中心的多面体作为"结构元件"的原因是源于像铝硅酸盐矿物类复杂离子化合物中，正离子种类变化多样，而负离子主要是 O^{2-} 与 OH^- 等少数种类的离子，因此，正离子周围形成的多是偏离正多面体不大的较规整的多面体，而负离子周围联结的却是键长、种类、配位数不同的正离子。如铝硅酸盐矿物绿柱石中，一种氧离子联结 2 个 4 配位的 Si^{4+}，另一种氧离子各联结一个 4 配位的 Si^{4+}、一个 4 配位的 Be^{2+} 和一个 6 配位的 Al^{3+}。

2.7.1.2 鲍林第二规则——电价规则

在一个稳定的离子化合物结构中，每一负离子的电价等于或近似等于从邻近正离子至该负离子的各静电键强度的总和。

这一规则的物理基础在于：如在结构中正电位较高的位置安放负离子时，结构会趋于稳定。而某一正离子至该负离子的静电键强度正是有关正离子在该处所产生正电位的一个合理的量度。以铝硅酸盐矿物——绿柱石为例对电价规则进行计算。

化学式为 $Be_3Al_2(Si_6O_{18})$ 的绿柱石是一个含铍的硅酸盐矿物，属六方晶系，其晶体结构如图 2-11 所示。

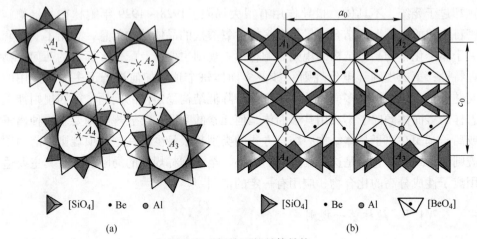

图 2-11   绿柱石的晶体结构

（a）绿柱石晶体结构在（0001）面上的投影；（b）绿柱石晶体结构在平行 c 轴的投影

结构中所有的 Si^{4+} 的氧配位数均为 4，键强 $S_{Si-O} = 4/4 = 1$。结构中的 O^{2-} 都与 Si^{4+} 键连进入了硅氧骨干，但分为两种。一种 O^{2-} 与 2 个 Si^{4+} 相连，称为桥氧，每个桥氧的键强和为 $2 \times (4 \div 4) = 2$，符合电价规则。这种桥氧离子的作用是将 $[SiO_4]$ 四面体互相连接从而组成环状的聚硅酸根。另一种 O^{2-} 只与一个 Si^{4+} 连接，称为端氧。端氧离子要满足电价规则，就必须与硅氧骨干外的 Al^{3+} 和 Be^{2+} 联结，而 Al^{3+} 和 Be^{2+} 也需要按第一规则的要求在结构中寻觅合适的结构位置。实际结构中，相邻六聚硅酸根端氧间组成的八面体空隙和四面体空隙恰能满足 Al^{3+} 和 Be^{2+} 对配位数 6 和 4 的要求。每个端氧实际键连 Si^{4+}、Al^{3+} 和 Be^{2+} 各一个，其键能和恰与氧离子的电价匹配，即有

$$S = \sum S_i = \frac{4}{4} + \frac{3}{6} + \frac{2}{4} = 2$$

在这种较复杂的结构中，3 种正离子和 2 种氧离子都各得其所，达到键强和与电价的匹配，说明结构是相当稳定的。此例表明电价规则在剖析、理解复杂离子化合物结构时是颇有用处的。

2.7.1.3   鲍林第三规则

在一配位结构中，多面体间共用棱特别是共用面的存在会降低这个结构的稳定性，对于高价和低配位数的正离子，这一效应尤为突出。第三规则涉及相邻配位多面体之间能否共用多面体棱、面等几何要素的问题。

这一规则的物理实质是清晰的。因为随着两个相邻配位多面体间共用顶点数

的增加，多面体中心正离子与正离子之间的距离将减小，而正、正离子间的库仑排斥作用会随之激增，这必将导致结构稳定性的下降。

鲍林等注意到，离子性的配位多面体在共棱时为了缓和正、正离子间的相斥作用，可在保持正负离子间距不变的条件下，使共棱处的边长适当缩短以增长正、正离子的间距。在金红石与锐钛矿中，鲍林发现共棱处的边长（即棱长）可由正常 O……O 间距值级 0.28nm 下降至 0.25nm 左右。在刚玉（即 α-Al_2O_3）中也证实，共棱处的八面体边长为 0.25nm。这一效应意味着共棱将使多面体形状发生一定程度的畸变，一个多面体共用棱的数目越多，八面体的畸变程度越大，将导致或反映结构中引入较大程度的不稳定性。另外，若在实际结构中存在共棱的情况，则我们还可根据共棱处的边是否缩短及缩短的程度来判断键的离子性成分。这是因为离子键的本性是没有方向性的，故将允许共棱处的边长作较显著的调整。反之共价键是轨道控制的、方向性特征突出，从而也就未必会产生这种由于共棱而导致多面体边长显著缩短或畸变的效应。

2.7.1.4　鲍林第四规则

在含有多种正离子的晶体中，以高价正离子为中心的多面体间倾向于彼此不共用其多面体的顶、棱、面等元素。这一规则是基于与第三规则相似的能量原理，结合实际结构信息而导出的。

此规则的物理基础在于：在晶体结构中，高价正离子的配位多面体若不共用其多面体间的几何元素而使之被其他正离子的配位多面体所隔开，以保持高价正离子之间较远的距离，将有利于晶体的库仑位能的降低。需要指出的是，第四规则所涉及的"倾向"要实现是受一定条件制约的。如对硅酸盐矿物来说，就要求生成的硅酸盐矿物晶体中 O/Si 不低于 4。可实际地壳或岩浆总的 O/Si 为 3，这决定了在地表分布的硅酸盐矿物中包括不同类型的各式硅氧盐骨干，而不是只有正硅酸盐。

2.7.1.5　鲍林第五规则——节简准则

晶体中实质不同的组成者的种数趋向于最小。

这一规则的本意是指在结构中，化学性质相似的同一种正离子或负离子或某种离子基团可能以不同的配位方式与其周围的异号离子相键连，就一般倾向说，这些不同的配位方式种类应尽可能趋向于最少。

如对于钙铝石榴子，其化学成分为 $Ca_3Al_2Si_3O_{12}$。考虑到化学式中 O/Si 为 4，首先应想到结构中存在正硅酸根的可能性，从而将化学式写为 $Ca_3Al_2(SiO_4)_3$。这意味着每个 O 都连一个 Si，其剩余键强为 2 - (4/4) =1。设 Al 的配位数为 6、Ca 的配位数为 8，则 Al—O 和 Ca—O 键的键强分别为 3/6 和 2/8。据此，要使 O

连一个 Si 而又满足其剩余键强的三种可能方式是：（1）O 连 1Si 和 2Al，键强和为 $4/4 + 2 \times (3/6) = 2$；（2）O 连 1Si、1Al 和 2Ca，键强和为 $4/4 + 3/6 + 2 \times (2/8) = 2$；（3）O 连 1Si 和 4Ca，键强和为 $4/4 + 4 \times (2/8) = 2$。因化学式中除了 Si 与 O 以外，既有 Al 也有 Ca，因此单独使用（1）或（3）是不可能的。余下的方案有：单独采用（2），（1）、（3）结合，（1）、（2）结合，（2）、（3）结合与（1）、（2）、（3）结合，含（3）的方案实际可能性小，因 O 连 Ca 的数目太多。根据第五规则，应优先考虑单独采用（2）方案。对此，我们通过核对发现化学式中组成比与离子配位数匹配良好，从而进一步说明了其合理性：化学式中有 12 个 O，按方案（2），对应有 12 个 Al—O 键和 24 个 Ca—O 键；化学式中有 2 个 Al 和 3 个 Ca，Al 和 Ca 的配位数为 6 与 8，显然，$2 \times 6 = 12$ 和 $3 \times 8 = 24$ 正好与 Al—O 和 Ca—O 键的前述数目相匹配，这一预期结果与实际结构相符，实际结构虽然比较复条，但 O 的键连方式确实只有一种。

第五规则就能量效应的概念来说有其合理性，但实际晶体结构的形成受组成者及组成者相对比例等多种因素的影响，因此规则本身具有较大的"模糊性"，这使它对实际结构的约束能力小于其他几项规则。五项鲍林规则中，前三项比较重要，其中尤以第一、第二规则最为基本。

2.7.2　铝硅酸盐矿物的分类

铝硅酸盐矿物的合理分类应以结构中存在不同类别的硅酸根为基础。铝硅酸盐矿物结构中的基本结构单元是［SiO_4］四面体。在［SiO_4］四面体中 Si^{4+} 的 4 个 sp^3 杂化轨道与 O^{2-} 的 4 个成对电子轨道结合形成牢固的络阴离子团［SiO_4］$^{4-}$。

在［SiO_4］四面体中，Si—O 键中 40% 是离子键，60% 是共价键，从电价配键的角度看，带正电荷 Si^{4+} 离子赋予每一个氧离子的电价为 1，即等于氧离子电价的一半，氧离子另一半电价既可以用来联系其他的四面体阳离子，也可以与另一个硅离子相联。因此，［SiO_4］四面体既可以孤立地被其他阳离子包围起来，也可以彼此以共角顶的方式联结起来形成各种形式的硅氧骨干，这就是硅酸盐矿物结构种类繁多的原因。

可将硅（铝）酸根组成的特征与规律作如下的分析：Si^{4+} 是电价高、半径小的正离子，根据鲍林第一规则，Si^{4+} 离子按硅氧根离子半径比（$r_+/r_- = 0.37$，介于正四面体与八面体临界半径比值之间）选择了配位数低的正四面体配位多面体。Si^{4+} 的氧配位数与其电价相等这一特点，决定了 Si—O 键的键强为 $4/4 = 1$。而当一个 O^{2-} 与两个 Si^{4+} 桥连时恰能使 2 个 Si—O 键的键强和与 O^{2-} 的电价匹配，这正是由第二规则所指明的得以形成稳定、多核硅（铝）酸根的基础。基于［SiO_4］四面体是以高价正离子为中心的低配位数多面体，Si—O 键的离子性成分又不低，因而按第三规则确立了相邻四面体间将不共面、棱的主导倾向。第四规则则表明，在氧硅比等于（或大于）4 的条件下形成含分立的（岛状）正硅酸根的晶体是比较有利的。鲍林规则明确地决定了 $[SiO_4]$ 四面体的形成及其联结方式。

在每个 $[SiO_4]$ 四面体中，共有 4 个顶点，假设硅氧四面体可提供被共用的顶点数（即共用硅氧四面体中氧数）为 P，那么 P 只能取 0、1、2、3、4 五个值。

（1）$P=0$。这相当于 $[SiO_4]$ 四面体之间无连接，结构中硅氧四面体是孤立的，由其他金属离子把孤立的 $[SiO_4]$ 四面体连接起来，这是岛状硅酸盐的结构特点。

（2）$P=1$。这相当于 $[SiO_4]$ 四面体之间只有一个顶点是共用的，即只共用一个氧，这就决定最多只能有 2 个 $[SiO_4]$ 四面体相联，这相当于岛状构型硅酸盐矿物，也称之为独立双四面体聚硅酸盐。黄长石和异极矿即是此种构型的矿物。

（3）$P=2$。这有两种情况，一是 $[SiO_4]$ 四面体连接成硅氧四面体环；二是 $[SiO_4]$ 四面体构成一维无限延伸的单链。这是环状结构和单链结构硅酸盐矿物的构型。

（4）$P=3$。这时 $[SiO_4]$ 四面体的 4 个氧中有 3 个将被共用，初看这种连接方式是多种多样的，可以在三维空间任意连接，这里就要用到鲍林第五规则。规则五要求每个硅氧四面体尽可能在结构的对称性上趋于一致，即结构中一个 $[SiO_4]$ 四面体和其他的 $[SiO_4]$ 四面体没有差别，这样的结构只能是每个 $[SiO_4]$ 四面体的 3 个共用顶点在同一个平面内，而未共用的一个顶点也尽可能在同一个平面上。即 $[SiO_4]$ 四面体以共用 3 个顶点的方式在二维空间无限延伸形成 $[SiO_4]$ 四面体的面层。这是层状硅酸盐矿物的结构。在非晶、准晶中或许能存在硅氧四面体公用 3 个顶点，形成 $[SiO_4]$ 四面体球，非桥氧指向球面外。除此之外矽线石的硅氧、铝氧四面体也共用 3 个顶点而呈双链结构。

（5）$P=4$。若 $[SiO_4]$ 四面体的四个顶点都被公用，则只能是三维无限延伸的架状结构。

除此之外还有像角闪石双链中有公用 3 个顶点氧的 $[SiO_4]$ 四面体，亦有公用 2 个顶点氧的 $[SiO_4]$ 四面体。上面所述及 $P=0$、1，$P=2$，$P=3$，$P=4$ 的情况正好可把硅酸盐矿物分成岛状、环状、链状、层状、架状 5 种构型。表 2-3 列示了铝硅酸盐矿物的分类及实例[7]。

表 2-3 铝硅酸盐矿物的分类及实例

名称	骨干形式及组成	$O/(Si+Al)$ 摩尔比值	P值	实 例
岛状	孤四面体 SiO_4	4	0	锆英石 $Zr[SiO_4]$
	双四面体 SiO_2O_7	3.5	1	异极矿 $Zn[Si_2O_7](OH)_2 \cdot H_2O$

名称	骨干形式及组成	$O/(Si+Al)$ 摩尔比值	P 值	实　例
环状	三元环 $[(SiO_3)_3]$	3	2	硅钙石 $Ca_3[Si_3O_9]$
	四元环 $[(SiO_3)_4]$	3	2	星叶石 $Na_2FeTi[Si_4O_{12}]$
	六元环 $[(SiO_3)_6]$	3	2	绿柱石 $Be_3Al_2[Si_6O_{18}]$
	八元环 $[(SiO_3)_8]$	3	2	大隅石 $Ba_{10}Ca_4[Si_8O_{24}]Cl_{12}\cdot4H_2O$
链状	单链 $[SiO_3]_n$	3	2	透辉石 $CaMg[SiO_3]_2$
	并八元环双链 $[Si_6O_{17}]_n$	2.83	2	硬钙硅石 $Ca_6[Si_6O_{17}](OH)_2$
	并六元环双链 $[Si_4O_{11}]_n$	2.75	3	蛇纹石 $Mg_6[Si_4O_{11}](OH)_6$
	并四元环双链 $[AlSiO]_n$	2.5	2	硅线石 $Al[AlSiO_5]$
层状	并六元环层 $[(Si,Al)_4O_{10}]_n$	2.5	3	珍珠云母 $CaAl_2[Si_2Al_2O_{10}](OH)_2$
	含八元环层 $[Si_4O_{10}]_n$	2.5	3	高岭土 $Al_2[Si_2O_5](OH)_4$
	含四、六、八元环层 $[Si_6O_{15}]_n$	2.5	3	鱼眼石 $Kca_4[Si_8O_{20}]F\cdot8H_2O$
	含四、六、十二元环层 $[Si_{12}O_{30}]_n$	2.5	3	钾锆石 $KZr[Si_6O_{15}]$
架状	中性架 $[SiO_2]_n$	2	4	石英 SiO_2
	硅铝酸架 $[Al_pSi_qO_{2(p+q)}]_n$	2	4	正长石 $K[AlSi_3O_8]$

由表 2-3 内容可见，随着四面体共用顶点数由 0 经 1、2、3 向 4 的变化，骨干中负正离子比 [即 $O/(Si+Al)$] 由 4 经 3.5、3、2.8、2.5 过渡至 2，结构则由岛型（分立型）经链型、层型转向架型。

2.7.2.1　岛状结构（铝）硅酸盐矿物

在岛状结构的硅酸盐矿物中，$[SiO_4]$ 四面体被其他阳离子（如 Ca^{2+}、Al^{3+}、Mg^{2+}、Fe^{2+}、Fe^{3+}、Mn^{2+}、Zn^{2+} 等）所隔开，彼此分离犹如孤岛。根据其岛状基型的不同，还可分为单四面体岛状结构（又称正硅酸盐）、双四面体岛状结构（又称聚硅酸盐）、单四面体与双四面体共存的岛状结构和铝氧四面体与硅氧四面体共存的岛状结构，如图 2-12 所示。

在单四面体结构硅酸盐矿物中，$[SiO_4]$ 之间互相不连接，其 4 个顶角均为活性氧，依靠这些活性氧与其他阳离子相结合而连接起来。大多数矿物各自具有独特的结构型，如橄榄石族、石榴子石族矿物。

在双四面体结构硅酸盐矿物中，基本结构单元 $[Si_2O_7]$ 为 2 个四面体共一个角顶组成，具有 6 个活性氧，分别与其他阳离子相结合。位于中间用来连接 2 个硅氧四面体的氧原子，其负电荷已全部用来与硅配衡，为不活泼原子。

在岛状结构硅酸盐矿物中有时还具有一些附加阴离子，如 O^{2-}、$(OH)^-$、Cl^-、F^- 等。在这类晶体结构中络阴离子间一般不直接相联，而靠其他阳离子来

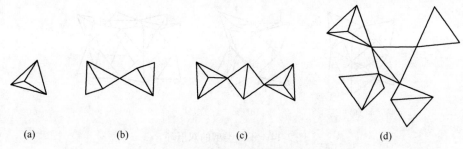

图 2-12 不同类型的岛状基型硅氧骨干

(a) 孤立四面体 $[SiO_4]$；(b) 双四面体 $[Si_2O_7]$；

(c) 单四面体与双四面体共存体 $[Si_3O_{10}]$；(d) 中心为铝氧四面体，其他为硅氧四面体 $[AlSi_3O_{10}]$

联系。硅氧骨干中的 $[SiO_4]$ 四面体偶尔可被 $[AlO_4]$ 四面体替代。该类矿物的结构比较紧密，硅氧骨干内部以共价键为主，而硅氧骨干与其他阳离子之间以离子键为主。

2.7.2.2 环状结构（铝）硅酸盐矿物

该类矿物的基本结构单元为 $[SiO_4]$ 四面体共角顶相连接而成的封闭环，并有单层环和双层环之分。根据组成环的 $[SiO_4]$ 四面体的个数，单层环可分为三环 $[Si_3O_9]$、四环 $[Si_4O_{12}]$、六环 $[Si_6O_{18}]$、九环 $[Si_9O_{27}]$ 和斧石环 $[B_2O_2(Si_2O_7)_4]$。双层环可分为双三环 $[Si_6O_{15}]$、双四环 $[Si_8O_{20}]$ 和双六环 $[Si_{12}O_{30}]$，单层环如图 2-13 所示，双层环如图 2-14 所示。

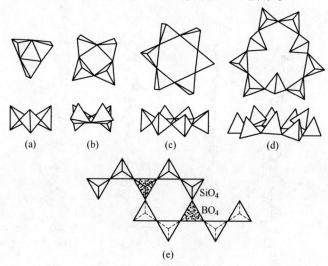

图 2-13 不同类型的单层环

(a) 三环 $[Si_3O_9]$；(b) 四环 $[Si_4O_{12}]$；(c) 六环 $[Si_6O_{18}]$；

(d) 九环 $[Si_9O_{27}]$；(e) 斧石环 $[B_2O_2(Si_2O_7)_4]$

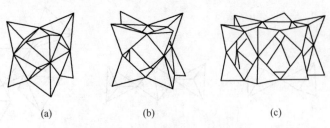

图 2-14 不同类型的双层环

（a）双三环 $[Si_6O_{15}]$；（b）双四环 $[Si_8O_{20}]$；（c）双六环 $[Si_{12}O_{30}]$

在环状结构硅酸盐矿物中连接环的主要阳离子有 Ca^{2+}、Na^+、K^+、Al^{3+}、Fe^{2+}、Mn^{2+}、Li^+、Zr^{4+} 等，在环的大空隙处常为水分子、OH^- 和较大阳离子所占据。

2.7.2.3 链状结构（铝）硅酸盐矿物

该类矿物为 $[SiO_4]$ 四面体共 2 个（或 3 个）角顶联结而成的沿一个方向无限延伸的链，链可分为单链、双链和似管状链。单链是 $[SiO_4]$ 四面体共 2 个角顶连接而成的链，每个 $[SiO_4]$ 四面体都有 2 个活性氧与阳离子相连接。根据重复周期和联结方式，单链又可分为简单二元链（辉石链 $[Si_2O_6]$）、简单三元链（硅灰石链 $[Si_3O_9]$）、简单五元链（蔷薇辉石链 $[Si_5O_{15}]$）和简单七元链（锰辉石链 $[Si_7O_{21}]$），如图 2-15 所示。

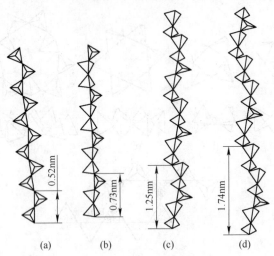

图 2-15 单链的类型

（a）辉石链 $[Si_2O_4]$；（b）硅灰石链 $[Si_3O_9]$；

（c）蔷薇辉石链 $[Si_5O_{10}]$；（d）锰辉石链 $[Si_7O_{21}]$

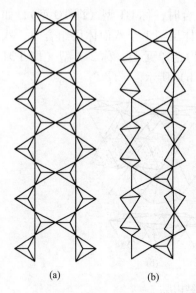

图2-16 双链的类型

(a) 闪石链 $[Si_4O_{11}]$；

(b) 硬硅钙石链 $[Si_6O_{17}]$

双链由两个单链相互联结而成。两个二元链共用氧原子连接就形成闪石链，两个三元链共用氧原子连接就形成了硬硅钙石链，如图2-16所示。

闪石链可看作是由2个辉石链共角顶连接而成的直线形双链，由 $[Si_4O_{11}]$ 表示。链中具有附加阴离子 OH^-，链与链间通过活性氧与阳离子连接。硬硅钙石链是由活性指向相反的2个硅灰石链共角顶连接而成的一种双链，以 $[Si_6O_{17}]$ 表示。

在链状结构硅酸盐矿物中，连接链的主要阳离子有 Ca^{2+}、Na^+、Fe^{2+}、Mg^{2+}、Al^{3+}、Mn^{2+}、K^+、Ba^{4+}、Li^+ 等，这些阳离子的配位多面体同链的类型之间具有相互制约的关系，尤其是大阳离子的配位多面体，对硅氧骨干往往起着支配作用。矿物中常见附加阴离子有 OH^-、F^-、Cl^- 等，其硅氧骨干中的 Si^{4+} 常被少量的 Al^{3+} 所替代，故常由低电价、大半径的阳离子来补偿电荷，但一般 Al^{3+} 替代 Si^{4+} 的量少于1/3。

2.7.2.4 层状结构（铝）硅酸盐矿物

在层状结构（铝）硅酸盐矿物中，除了 $[SiO_4]$ 四面体呈层状排列外，$[AlO_6]$ 八面体亦呈六方网层的排列。八面体层中的阳离子有 Al^{3+}、Mg^{2+}、Fe^{2+}、Fe^{3+} 和 Ti^{4+} 等，由于阳离子的电价不同，故在单位晶胞中的数目也不同。在四面体层和八面体层的相互匹配中，$[SiO_4]$ 四面体所组成的六方环范围内有3个八面体与之相适应，如图2-17所示。

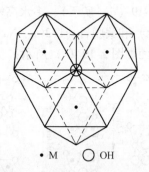

• M   ○ OH

图2-17 与 $[SiO_4]$ 四面体所形成的六方网格相适应的八面体

如果在这3个八面体的中心位置被三价离子（如 Al^{3+}）充填，即在半个晶胞中含有2个充填离子，则这种结构称为二八面体型结构；如果这3个八面体的中心位置均被二价离子（如 Mg^{2+}）占据，即半个晶胞中含有3个充填阳离子，则这种结构称为三八面体型结构。同时存在这两种结构时称过渡结构。层状结构硅酸盐矿物中的 $[SiO_4]$ 四面体层与 $[AlO_6]$（或 $[MgO_6]$）八面体层通常都组合在一起，形成构造单元层。当一个四面体层和一个八面体层组合时，称 1:1 型（即 TO 型），如高岭石结构，如图 2-18（a）所示。当 2 个四面体层与 1 个八面体层组合时，八面体层便夹在 2 个四面体的中间形成夹心式的构造单元层，称 2:1 型（即 TOT型），如滑石（或称白云母）结构，如图 2-18（b）所示。

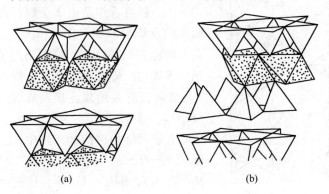

(a)　　　　　　　　　　　　　　(b)

图 2-18　1:1 型和 2:1 型结构层

(a) TO；(b) TOT

1:1 型层状结构硅酸盐的典型矿物有高岭石 $Al_4[Si_4O_{10}][OH]_8$ 和叶蛇纹石 $Mg_6[Si_4O_{10}][OH]_8$，晶体结构断面如图 2-19（a）所示。2:1 型层状结构硅酸盐的典型矿物有滑石 $Mg_3[Si_4O_{10}][OH]_2$（断面如图 2-19（b）所示）、叶蜡石 $Al_2[Si_4O_{10}][OH]_2$（断面如图 2-19（b）所示）、白云母 $KAl_2[AlSi_3O_{10}][OH]_2$（断面如图 2-19（c）所示）、绿泥石 $Mg_3[AlSi_3O_{10}][OH]_2Mg_2Al(OH)_6$（断面如图 2-19（d）所示）、多水高岭石 $Al_4[Si_4O_{10}][OH]_8 \cdot 4H_2O$（断面如图 2-19（e）所示）和蒙脱石 $(1/2Ca、Na)_{0.66}\{(Al、Mg、Fe)_4[(Si、Al)_8O_{20}][OH]_4 \cdot nH_2O\}$（断面如图 2-19（f）所示）。

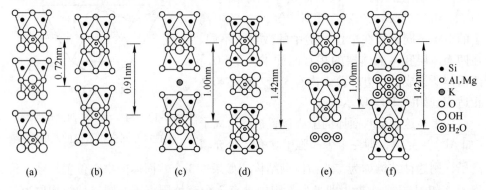

(a)　　　(b)　　　(c)　　　(d)　　　(e)　　　(f)

- • Si
- ○ Al，Mg
- ⬤ K
- ○ O
- ◯ OH
- ◎ H₂O

图 2-19　层状结构硅酸盐矿物晶体结构断面单位示意图（最小圈表示交换阳离子）

(a) 高岭石或蛇纹石；(b) 滑石或叶蜡石；(c) 白云母；

(d) 绿泥石或蛭石；(e) 多水高岭石；(f) 蒙脱石

2.7.2.5 架状结构（铝）硅酸盐矿物

架状结构（铝）硅酸盐矿物是 $[SiO_4]$ 四面体共 4 个角顶连接而成的三度空间的骨架，其中的每个氧与 2 个硅相联系，因此所有的氧均是惰性的。骨架中当部分 Si^{4+} 被 Al^{3+} 替代时，形成 $[AlO_4]$ 四面体，这时正电荷的不足主要由一些低电价、大半径的阳离子，如 K^+、Na^+、Ca^{2+}、Ba^{2+} 来补偿，这些阳离子与带有部分剩余电荷的氧离子结合，从而使该类型矿物形成一个比较空旷但非常稳固的晶体结构。

在架状结构硅酸盐矿物中，由于化学成分的差异，如各矿物中 Si 与 O 搭配数目的不同、Al^{3+} 替换 Si^{4+} 的数目不同、阳离子种类和数目不同，以及是否存在附加阴离子（Cl^-、SO_4^{2-}、CO_3^{2-}、F^-、OH^- 等）和附加阳离子（Na^+、Ca^{2+}）或者含有结晶水等，此外，还由于 $[SiO_4]$ 间的排列方式不同，因此四面体在三度空间不同方向上的排列密度有时各不相同，使得架状结构硅酸盐矿物形成许多不同的矿物。当硅氧四面体形成四环或六环等轴状骨架时，就形成了方钠石型和方沸石型矿物；当硅氧四面体以六环或双层环为结构单元彼此相连成架状结构时，就形成了霞石族、钙霞石族、菱沸石族以及毛沸石和菱锌沸石族矿物；当四环链彼此相连成架状时，就构成了长石族、方柱石族、钠沸石族和硅锆钠石族矿物；此外架状结构硅酸盐矿物还有以 $[SiO_4]$ 四面体三环和 $[TiO_6]$ 八面体或 $[ZrO_6]$ 八面体相连成架的形式，如蓝锥矿族和钠锆石族矿物。

2.7.3 Al 和 O 在铝硅酸盐矿物中的作用

O^{2-} 在铝硅酸盐矿物中既可处于骨干之中也可以以羟基 OH^- 或结晶水 H_2O 的形态处于骨干之外。例如，异极矿的化学成分为 $H_2Zn_2SiO_5$。早期有人将之写成 $Zn_2SiO_4 \cdot H_2O$，属正硅酸盐；另有人表达为 $ZnSiO_3 \cdot Zn(OH)_2$，将它看作是偏硅酸盐与氢氧化锌的复合物。而实际上正确的异极矿的化学式应表达为 $Zn_4[Si_2O_7](OH)_2 \cdot H_2O$，结构中存在着岛型的焦硅酸根，而 O 以 3 种形态并存于晶体之中。此矿物结构的确定，特别是焦硅酸根的存在，需依靠 X 射线晶体结构分析，其中 O 的 3 种存在形态需根据 O 与周围离子的联结情况以及相应间距值加以辨认。

由于 Al^{3+} 的离子半径为 0.046nm，与 Si^{4+} 的离子半径（0.039nm）相近，则可取代硅酸根中的 Si^{4+}，处于骨干中配位数为 4 的位置以形成铝氧四面体参与硅酸盐矿物骨干，此时形成的硅酸盐矿物称为铝硅酸盐矿物。另外，由于 Al^{3+} 与 O^{2-} 的半径比为 0.41，极其接近（以 O^{2-} 为配位离子的）正八面体的临界半径比值，理论上可预期 Al^{3+} 既可能处于骨干外配位数为 6 的氧八面体空隙，形成 $[AlO_6]$ 八面体，再以一定的形式（例如以共棱方式）与 $[SiO_4]$ 四面体联结。

此时形成的矿物称为铝的硅酸盐矿物。如果 Al^{3+} 在同一结构中呈两种形式，则 [AlO_4] 四面体和 [AlO_6] 八面体同时存在，例如，夕线石的晶体结构是 [SiO_4] 四面体和 [AlO_4] 四面体共角顶连接成链，再同 [AlO_6] 八面体共棱结合，这类矿物称为铝的铝硅酸盐矿物。有时，为了简单，上述 3 类矿物都简称为铝硅酸盐矿物。Al 之所以既能与 O 形成四配位又能形成六配位，其原因是 Al 既可以形成 sp^3 杂化轨道又可以形成 sp^3d^2 杂化轨道。当 sp^3 杂化轨道与 O 结合时形成 [AlO_4] 四面体，而 sp^3d^2 杂化轨与 O 结合时形成 [AlO_6] 八面体。

Al^{3+} 在骨干中部分取代 Si^{4+} 后所产生的若干结构效应是值得进行讨论的。首先，因 Al^{3+} 的电价低于 Si^{4+}，因此在骨干中每引进一个 Al^{3+} 在骨架外就需引入一个 Na^+、K^+ 等一价正离子或半个 Ca^{2+} 等二价正离子，以使晶体在总体上保持正负电价的平衡。这一效应对架型结构在理论和实际应用上均有重要意义。架型结构中若不允许 Al^{3+} 顶替 Si^{4+}，那么在理论上二大类铝硅酸盐矿物，即长石类、沸石类（包括人工合成的分子筛）不复存在，而只在架型结构中留下成分为 SiO_2 的石英或白硅石。

Al^{3+} 顶替骨干中 Si^{4+} 的另一个效应是由于 Al—O 键的键强为 3/4，小于 Si—O 键的键强，骨干中 Al 取代 Si 的比例越高，则骨架强度的削弱程度越大。这一效应有多方面的反映。理论上可以说明，Al 取代 Si 的量不应超过总数的一半。

长石类的矿物，其骨架外只发现有半径较大的 K^+、Ba^{2+}、Ca^{2+}、Na^+ 等离子，而尚未发现有 Mg^{2+}、Fe^{2+} 等离子。钙长石 Ca[$Al_2Si_2O_8$] 骨干中 Si 被 Al 置换一半，作为半铝半硅的统计原子 Si^*，其平均电价为 $(4+3)/2 = 3.5$，每个 Si^*—O 键强为 0.875。每个桥氧连 2 个 Si^*，其剩余键强为 $2 - 2 \times 0.875 = 0.25$。单从化学式来看，Mg[$Al_2Si_2O_8$] 和 Fe[$Al_2Si_2O_8$] 中正负离子的电价是平衡的。但 Mg^{2+}、Fe^{2+} 的择优氧配位数为 6，其 M—O 键的键强是 $2/6 = 0.33$，与桥氧剩余键强的匹配程度比 Ca—O 键要差（Ca^{2+} 的择优氧配位数为 8，Ca—O 键的键强是 2/8，恰与桥氧剩余键强完全匹配），这就是在大自然形成长石矿物的竞争中，Mg^{2+}、Fe^{2+} 让位于 Ca^{2+}、Ba^{2+} 作为架外离子的原因。同理，对于钾长石 K[$AlSi_3O_8$] 或钠长石 Na[$AlSi_3O_8$]，骨干中 1/4 的 Si 被 Al 取代，统计原子 Si^* 的平均电价为 $(3/4) \times 4 + (1/4) \times 3 = 3.75$，桥氧的剩余键强为 $2 - 2 \times (3.75/4) = 0.25$，此数值可与八配位的 K^+ 或 Na^- 匹配而与键强为 0.33 的 Mg—O 或 Fe—O 键就差得太多了。因此，Mg($AlSi_3O_8$)$_2$ 或 Fe($AlSi_3O_8$)$_2$ 作为天然矿物存在的可能性是很小的[8]。

参 考 文 献

[1] 吴自勤，孙霞. 现代晶体学——晶体学基础 [M]. 合肥：中国科技大学出版社，2011.

［2］李胜荣. 结晶学与矿物学［M］. 北京：地质出版社，2008.

［3］潘兆橹. 结晶学与矿物学（上册）［M］. 北京：地质出版社，1988.

［4］赵珊茸. 结晶学与矿物学［M］. 北京：高等教育出版社，2011.

［5］田键. 硅酸盐晶体化学［M］. 武汉：武汉大学出版社，2010.

［6］孙传尧，印万忠. 硅酸盐矿物浮选原理［M］. 北京：科学出版社，2001.

［7］胡岳华. 矿物浮选［M］. 长沙：科学出版社，2014.

［8］邵美林. 鲍林规则与键价理论［M］. 北京：高等教育出版社，1993.

3 伟晶岩型铝硅酸盐矿物晶体结构的各向异性

锂辉石、长石和云母等伟晶岩型铝硅酸盐矿物的晶体结构复杂，结构单位层均由铝氧八面体和硅氧四面体组成。这样的结构导致这类矿物的表面化学性质相似，表面活性质点皆主要为 Al^{3+}，与传统脂肪酸类捕收剂作用的选择性差，致使浮选分离难度大，因此伟晶岩型铝硅酸盐矿物之间的浮选分离是当今矿物加工领域的难题之一。但是，这类铝硅酸盐矿物的晶体结构还是存在着较大的差异，其中锂辉石为链状结构型铝硅酸盐矿物、长石为架状结构型铝硅酸盐矿物、云母为层状结构型铝硅酸盐矿物。由于锂辉石、长石和云母等铝硅酸盐矿物的晶体习性不同，沿着晶格的不同结晶方向和解理方向，暴露出的表面原子和活性质点的排布和密度不同，晶体的物理化学性质（表面能、润湿性和吸附性等）亦存在差异，这种差异性称为矿物晶体表面化学性质的各向异性，一般也简称为矿物晶体表面的各向异性。

矿物破碎和细磨时，沿着键合程度较弱的方向断裂形成暴露面。由于矿物内部离子或原子仍相互结合，键能保持平衡，而且矿物暴露面上的质点朝向内部的一端，与内部也有平衡饱和键能，但朝向外面空间的一端，键能却没有得到补偿，处于不饱和状态。矿物表面的不饱和键能，决定了矿物表面极性及天然可浮性。不同矿物常见暴露面之间的表面物理化学性质的细微差异，即晶体表面的各向异性，是实现伟晶岩型铝硅酸盐矿物浮选分离的理论基础。本章以矿物晶体结构特征为切入点，通过理论计算及接触角测定系统研究伟晶岩型铝硅酸盐矿物晶体表面电性和润湿性的各向异性。

3.1 伟晶岩型铝硅酸盐矿物的晶体结构

3.1.1 锂辉石的晶体结构

锂辉石理论化学式为 $LiAl[Si_2O_6]$，是单链状结构铝硅酸盐矿物，属于单斜晶体，$C_2^3 - C_2$，晶胞参数为 $a_0 = 0.947nm$，$b_0 = 0.841nm$，$c_0 = 0.522nm$，$\beta = 110°11'$，$Z = 4$。在锂辉石中，$[SiO_4]$ 四面体以共角顶氧的方式沿 c 轴方向联结成无限延伸的硅氧四面体链，Al 与 O 形成 $[AlO_6]$ 八面体并以共棱方式也沿轴方向联结成"之"字形的无限延伸的八面体链。2 个 $[SiO_4]$ 四面体链与 1 个 $[AlO_6]$ 八面体链形成 2:1 夹心状的"I"形杆链，再借助 Li 连接起来。其晶体结构如图 3-1 所示[1]。

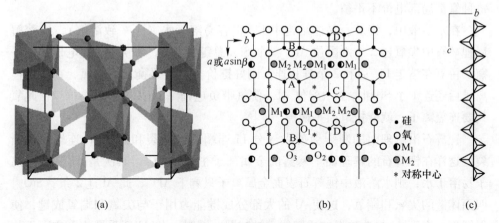

图 3-1 锂辉石的晶体结构

（a）模型图（深灰色—铝氧八面体，浅灰色—锂氧八面体，
白灰色—硅氧四面体）；（b）沿 c 轴的投影；（c）锂辉石的单链结构

锂辉石中 Al 占据 M_1 位，[AlO_6] 八面体共棱相连形成扭折链，而 Li 充填于 M_2 位，[LiO_6] 八面体位于扭折链的左右两侧，与 [AlO_6] 八面体共棱相接；a 轴方向上，在 [AlO_6] 八面体的两侧各有一条 [SiO_4] 四面体链，尖氧相对把 [AlO_6] 八面体夹在中间形成锂辉石的基本结构单元，每个 [AlO_6] 八面体会用自身 2 条棱实现与链内其他 [AlO_6] 八面体相连，2 条棱和上下 [SiO_4] 四面体的尖氧相连，3 条棱和其周围 3 个 [LiO_6] 八面体相连；锂辉石结构中，尖氧相对的 2 条 [SiO_4] 四面体链夹 1 条 [AlO_6] 八面体链的结构单元非常稳定[2]。

Al 与 [SiO_4] 四面体中的 6 个氧（2 个非桥基氧，外加 4 个端氧）形成八配位体。与 O 相比，Li 半径较小，锂辉石中的 Li 与 6 个 O（2 个非桥基氧，2 个桥基氧和 2 个端氧）构成不规则的八配位体。为满足鲍林提出的阳离子电中性规则，Li 与 O 形成的八配位体中的静电键合强度为 1/6，Al 与 O 形成的八配位中的静电键合强度为 1/2，位于 [SiO_4] 四面体中心硅的静电键合强度为 1。锂辉石的晶体结构中尖氧与 1 个 Si、2 个六配位 Al 和 1 个六配位 Li 相连，尖氧的键价为 $1 + 3/6 \times 2 + 1/6 = 2.167$，这已超过 O^{2-} 的 -2 价，使尖氧带了 +1/6 的电荷，实际上尖氧连 2 个六配位 Al 和 1 个 Si，则 O^{2-} 的 -2 电价刚好匹配，Li 的加入造成尖氧的不稳定。对于端氧，它和 1 个 Si、1 个六配位 Al 以及一个六配位 Li 相连，则端氧的键价为 $1 + 3/6 + 1/6 = 1.67$，这使端氧上带有 -1/3 的电价，这也是端氧的不稳定因素。桥氧除了连 2 个 Si 以外，六配位 Li 还挤在这个位置，使桥氧带了 +1/6 个电荷，这是桥氧的不稳定因素，而从锂辉石整体看，桥氧带 +1/6 电荷，尖氧带 +1/6 电荷，而端氧带 -1/3 电荷，三者整体可抵消，但每种氧都局部电价不平衡[3]。

在水溶液中，锂辉石晶体结构中 Li^+ 很容易溶于水（不一致溶解），Li 溶解后锂辉石中尖氧连 2 个六配位 Al、一个 Si，总键价为 2，和尖氧 -2 电价完美平衡，桥氧在溶走 Li^+ 后和 2 个硅相连，刚好键价与电价平衡；而端氧，在溶走锂离子后还连 1 个 Si 和 1 个六配位 Al，使氧带负电荷 $-2+1+3/6=-1/2$，此氧只要连氢离子，就能把电荷平衡掉[4]。

锂辉石沿解理面的断裂会使大部分 Li 连端氧键断裂和部分 Al 连端氧键断裂，这样在锂辉石的解理面上暴露的金属离子主要是 Li^+，其次是 Al^{3+}。Li^+ 离子易溶于水，则水溶液中锂辉石表面金属离子只剩下 Al^{3+}，此 Al 连 2 条 [SiO_4] 四面体链的尖氧和端氧，这使 Al 的大部分成键能力用于与尖氧和端氧成键，使得锂辉石表面 Al 与油酸根的成键能力被削弱，同时，此 Al 还受锂辉石表面不与铝直接成键但与之临近的带负电的硅氧四面体链的端氧的影响，会阻碍油酸根与铝的结合，这是锂辉石在油酸钠中可浮性差的原因[5]。

3.1.2　长石的晶体结构

长石族矿物是架状结构的铝硅酸盐矿物，理想化的长石结构如图 3-2 所示。4 个硅（铝）四面体（[TO_4] 四面体）通过共用角顶联结成四方环，环与环联结沿 a 轴成折线状的链。链与链相连在三度空间形成架状结构。环间有较大的空隙，由 K^+、Na^+、Ca^{2+}、Ba^{2+} 等较大半径的阳离子占据。由于阳离子半径大小不同。直接影响各种长石的对称性，如透长石、正长石由较大的阳离子 K^+ 充填其四方环间的空间，K^+ 具有大而规则的配位多面体，能撑起 [TO_4] 四面体骨架，使其对称性提高，属单斜晶系，空间群为 $C_{2n}^3\text{-}C_{2/m}$。而斜长石亚族矿物则由较小的阳离子 Na^+、Ca^{2+} 占据其四方环间的空间，配位多面体不规则，致使骨架折陷，降低其对称性，故均属三斜晶系，空间群为 $C\text{-}P\overline{T}$[6]。

在 [TO_4] 四面体结构单元中，T 位的 1 个或 2 个硅原子被铝原子取代，Si—Al 原子的有序、无序也影响晶体结构的对称性和轴长。如图 3-3（a）所示，在 T 位 Si、Al 原子完全无序，则具有单斜晶系对称，如透长石，单斜晶系 $C_0=0.72\mathrm{nm}$；图 3-3（b）所示，在 T 位 Si、Al 完全有序，相间排列，如钙长石，则 c 轴加倍，约为 $1.43\mathrm{nm}$，属三斜晶系。此外温度和压力也影响长石的对称性及晶胞参数的变化[7]。

钠长石属三斜晶系，空间群为 C_1；晶胞参数 $a=0.814\mathrm{nm}$，$b=1.279\mathrm{nm}$，$c=0.716\mathrm{nm}$，$\alpha=94°19'$，$\beta=116°34'$，$\gamma=87°39'$。其结构如图 3-4 所示。在钾长石和钠长石结构中，硅氧四面体骨干中，Al∶Si = 1∶3，即 1 个 Al 取代 Si 呈 [AlO_4] 四面体。则对四面体中作为 3/4Si 和 1/4Al 的统计原子 T 来说，平均电

价为$(3/4) \times 4 + (1/4) \times 3 = 3.75$，连接 T 的桥氧剩余键价为 $-2 + 2 \times (3.75/4) =$ -0.125，若 Na^+ 取八配位，则其键价为 $1/8 = +0.125$，刚好与此桥氧剩余键价匹配。与透长石相比，钠长石结构出现轻微的扭曲，左右不再呈现镜面对称。扭曲作用是由于四面体的移动，致使某些 O^{2-} 环绕 Na^+ 更为紧密，而另一些 O^{2-} 更为远离。晶体结构从单斜变为三斜[8]。

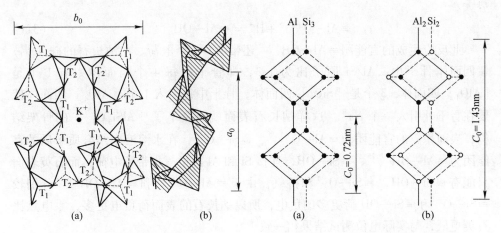

图 3-2　理想化的长石晶体结构　　　图 3-3　长石中硅铝排列示意图

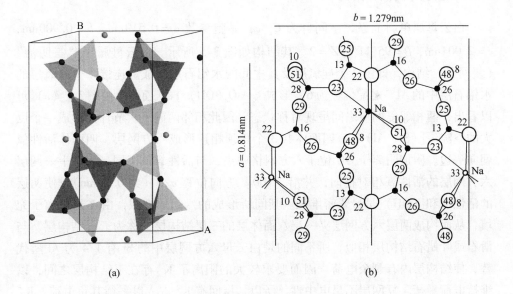

图 3-4　钠长石的晶体结构

（a）模型（深灰色—铝氧四面体，浅灰色—硅氧四面体，

●—钠原子）；（b）钠长石结构在（001）面上的投影

Al 作四配位时可以认为其性质与四配位 Si 相似，即水溶液中，通常 pH 条件下，不太可能有四配位 Al^{3+} 离子存在，矿物表面在水溶液中也很难有四配位 Al^{3+} 的暴露，由于 Al^{3+} 作四配位时周围形成 4 个 Al—O 键，故 Al—O 键键价为 $3/4 = 0.75$，那么连四配位 Al^{3+} 的氧，即 $\equiv Al—O^{-1.25}$ 官能团上的氧的剩余电价为 $-2 + 0.75 = -1.25$，所以这个氧具有强的结合质子能力，即反应（3-1）趋势大。

$$\equiv Al—O^{-1.25} + H^+ = \equiv Al—OH^{-0.25} \tag{3-1}$$

此反应生成的官能团 $\equiv Al—OH^{-0.25}$ 还带 $-1/4$ 个电荷。在钠长石的硅（铝）氧四面体骨干中，Al/Si 原子比为 $1/3$，即骨干中每 4 个四面体中有 1 个是 $[AlO_4]$ 四面体，3 个是 $[SiO_4]$ 四面体，骨干中每引入 1 个 $[AlO_4]$ 四面体就要在骨干外引入一个 Na^+，这样钠长石表面就只剩下了 $[AlSi_3O_8]_n^{n-}$ 的骨架结构，表面暴露的官能团为 $\equiv Al—O^{-1.25}$、$\equiv Si—O^{-1}$，在水溶液中结合质子后的官能团为 $\equiv Al—OH^{-0.25}$、$\equiv Si—OH$，连接 Si 和 Al 的桥氧也带负电荷；而石英表面只能有 $\equiv Si—OH$、$\equiv Si—O^{-1}$ 和桥氧，由于 $\equiv Al—O^{-1.25}$ 和 $\equiv Al—OH^{-0.25}$ 分别较 $\equiv Si—O^{-1}$ 和 $\equiv Si—OH$ 荷更多的负电，所以钠长石的表面荷负电更多，零电点比石英更低，与实际电位测试结果相一致[9]。

3.1.3　白云母的晶体结构

白云母属单斜晶系，空间群为 C_2/c；晶胞参数 $a = 0.519nm$，$b = 0.900nm$，$c = 2.004nm$，$\beta = 95°11'$；$Z = 2$。其结构如图 3-5 所示。白云母属于"三明治"（复网层）结构，即由 2 个硅氧层及其中间的水铝石层构成。连接 2 个硅氧层的水铝石层中的 Al^{3+} 之配位数为 6，形成 $[AlO_4(OH)_2]$ 八面体。由图 3-5（a）可以看出，两相邻复网层之间呈现对称状态，因此相邻两硅氧六节环处形成一个巨大的空隙。$[(Si、Al)O_4]$ 四面体共 3 个角顶相连形成六方网层，四面体活性氧朝向一边。附加阴离子 OH 位于六方网格中央，与活性氧位于同一平面上。两层六方网层的活性氧相对指向，并沿 $[100]$ 方向位移 $a/3$（约 $0.17nm$），使两层的活性氧和（OH）呈最紧密堆积。其间所形成的八面体空隙，由 Y 组阳离子充填，从而构成两层六方网层夹一层八面体层的三层结构层，称为云母结构层，与滑石或叶蜡石结构层相似，所不同的是白云母六方网层中的 Si 有 $1/4$ 为 Al 所代替，使结构层内有剩余电荷，因而要求较大的阳离子 K^+ 存在于结构层之间，以维持电荷平衡。复网层不呈电中性，所以，层间有 K^+ 进入以平衡其负电荷。K^+ 的配位数为 12，呈统计地分布于复网层的六节环的空隙间，与硅氧层的结合力较层内化学键弱得多，故云母易沿层间，即（001）面发生解理，可剥离成片状[10]。

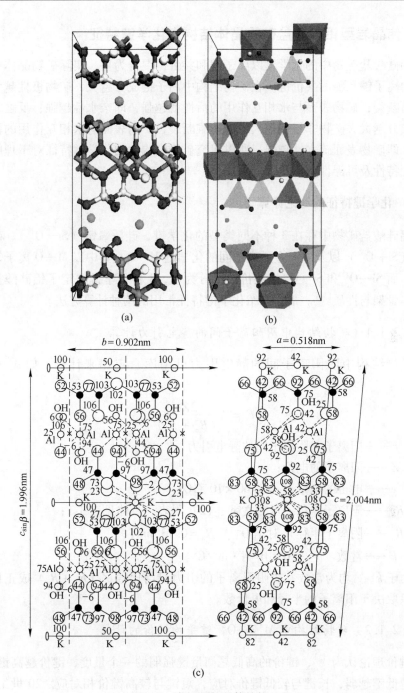

图 3-5 白云母的晶体结构

（a）模型（深灰色—铝氧四面体和铝氧八面体，白灰色—硅氧四面体，浅灰色球—钾原子）；

（b）白云母结构在（100）面上的投影；（c）白云母结构在（010）面上的投影

3.2　伟晶岩型铝硅酸盐矿物晶体结构中化学键特征

铝硅酸盐矿物中的化学键以离子键和共价键混合为主，实际矿物晶体中不存在纯的离子键和纯的共价键。在矿物结构中离子键成分越大，矿物极性越大，键越容易断裂，矿物表面与水相互作用的活性就越强，即亲水性越强；反之，当共价键成分越大，矿物非极性越大，键越难断裂，矿物表面与水相互作用的活性就越弱，即矿物表面疏水性越强。所以研究矿物结构中的化学键特征对于理解矿物的表面特性及可浮性具有重要的意义。

3.2.1　化学键特征的理论计算

铝硅酸盐矿物中存在 3 种不同类型的化学键，硅桥氧键（Si—O[桥]）、硅非桥氧键（Si—O[非]）以及氧与金属离子间的化学键 M—O。其中以 M—O 离子键成分为主，而 Si—O[桥]和 Si—O[非]以共价键成分为主，3 种化学键决定了铝硅酸盐矿物的基本骨架与性质[11]。下面介绍化学键特征常用的两种计算方法。

3.2.1.1　矿物结构中阴阳离子间的静电引力计算

矿物结构中阴阳离子间的静电引力可用库仑定律来计算，如式（3-2）所示[37]：

$$F = k \frac{2Ze^2}{(R_c + R_a)^2} \tag{3-2}$$

式中　F——阳离子与阴离子间的静电引力；

　　　Z——阳离子的电价；

　　　e——电子的电量，$e = 1.60 \times 10^{-19}$ C；

　　　R_c——阳离子半径，可查文献［12］附表，具体见表 3-1；

　　　R_a——阴离子半径（对于 O^{2-}，$R_a = 0.135$ nm）；

　　　k——常数。$k = 9.0 \times 10^9$ N · m^2/C^2。

由于 k、e^2 均为常数，故阴阳离子的引力只与比值 $Z/(R_c + R_a)^2$ 成正比，实际上只取决于阳离子的半径和电价数。

3.2.1.2　矿物结构中 M^{n+}—O^{2-} 键平均键价的计算

键价理论认为[13]，键价的高低是衡量键强弱的一个量度，键价越高键越强，键价越低键越弱；长键与较低键价对应，短键与较高键价相对应。20 世纪 70 年代加拿大布朗（I. D. Brown）等学者对键长-键价提出了指数关系式（3-3）[14]：

$$S = \left(\frac{R}{R_0}\right)^{-N} \quad 或 \quad S = e^{-\left(\frac{R-R_0}{B}\right)} \tag{3-3}$$

式中 S——键价；

R——键长；

R_0，N（或 R_0 与 B）——与原子种类、价态有关的常数。

通过查文献［13］中附表可获得与 O 相连的各种金属的 R_0、N 和 B 值，具体见表 3-1。当知道结构中各化学键的平均键长后，本书各化学键的平均键长可通过 Materials studio 6.0 软件导入晶体结构后利用 Measure/Change 菜单键中的"Distance"功能键直接测量出各化学键的平均键长。再通过式（3-3）计算出各 M^{n+}—O^{2-} 键的平均键价。

表 3-1　参数 R_c、R_0、N 和 B 的数值表（罗马数字表示配位数）

连 O 键	R_c	R_0	N	B
H	—	0.087	2.2	—
K	0.164（XII）	0.228	9.1	
Li	0.076（VI）	0.129		0.48
Na	0.118（VIII）	0.166	—	0.44
Al	0.039（IV），0.0535（VI）	0.164		0.38
Si	0.026（IV）	0.163		0.36

由式（3-1）~式（3-3）可计算出锂辉石、钠长石及白云母晶体结构中 M^{n+}—O^{2-} 平均键长、静电价强度、库仑力以及 M^{n+}—O^{2-} 的平均键价，结果见表 3-2。

表 3-2　铝硅酸盐矿物晶体化学键特征计算结果

矿物种类	结构中 Al 的性质	阳离子 M^{n+}	静电价强度	M^{n+}—O^{2-} 平均键长/nm	M^{n+}—O^{2-} 库仑力 F/N	M^{n+}—O^{2-} 键的平均键价 S
锂辉石	Al 在硅氧骨干之外，以六配位的形式组成［AlO_6］八面体	Li^+	1/6	0.223	0.57×10^{-7}	0.42
		Al^{3+}	1/2	0.195	3.08×10^{-7}	0.68
		Si^{4+}	1	0.163	11.81×10^{-7}	1.00
钠长石	1 个 Al 取代了 Si 呈［AlO_4］四面体，其中 Al:Si = 1:3	Na^+	1/8	0.250	0.27×10^{-7}	0.43
		Al^{3+}	3/4	0.173	5.01×10^{-7}	0.88
		Si^{4+}	1	0.160	11.81×10^{-7}	1.01
白云母	［AlO_4］四面体和［AlO_6］八面体同时存在，其中［AlO_4］四面体与［SiO_4］四面体的比例为 1:3	K^+	1/12	0.285	0.15×10^{-7}	0.13
		Al^{3+}_{VI}	3/6	0.192	3.08×10^{-7}	0.69
		Al^{3+}_{IV}	3/4	0.170	5.01×10^{-7}	0.88
		Si^{4+}	4/4	0.160	11.81×10^{-7}	1.01

表 3-2 的计算结果表明，铝硅酸盐矿物结构中 M^{n+} 静电价强度、M^{n+}—O^{2-} 键平均键长、库仑力、平均键价之间具有极好的一致性。即当结构中 M^{n+} 与 O^{2-} 离子之间的静电价强度越大，键的键长越短，库仑力就越大，离子间的平均键价越大，即其键强就越强，离子之间的化学键就越难以断裂；反之亦然。可以推知：在铝硅酸盐矿物结构中，［SiO_4］四面体 Si—O 键是最强的，当 Al 取代 Si 时，［AlO_4］四面体中 Al—O 键的键强次之，［AlO_6］八面体 Al—O 键的键强较弱，其他金属 M—O 键的键强最弱。所以，铝硅酸盐矿物的解理最易在［SiO_4］四面体骨干外的 M—O 上发生断裂，例如 Li—O、Na—O、K—O 等，而且矿物表面解理后暴露的这些金属离子也容易溶解在水中，导致矿物表面键合大量水中的羟基。所以，大部分铝硅酸盐矿物亲水性好。

3.2.2　伟晶岩型铝硅酸盐矿物碎磨后表面特性预测分析

矿物在浮选前的破磨阶段进行破碎和细磨，矿物将发生解理。矿物按何种方式解理，与结构中配位多面体各元素间的化学键强弱相关，因为按照破碎原理，矿物结构中化学键强度最弱的部位最易发生断裂[11]。

由表 3-2 可知，锂辉石中化学键的键强顺序为：Li—O < Al—O < Si—O，所以锂辉石碎磨后解理时，主要沿平行 c 轴方向的 Li—O 键断裂，同时垂直 c 轴方向的 Al—O 键和 Si—O 键也会部分断裂。所以，锂辉石（110）面完全解理，也具有（001）、（100）、（010）面裂开。由于 Li^+ 易溶于水，与水中的发生交换吸附，Al^{3+} 和 Si^{4+} 也能吸附 OH^-，这两种作用使得锂辉石在水介质中，其表面键合大量的羟基，在广泛的范围内带负电，零电点较低，因此，阳离子捕收剂十二胺浮选体系中可浮性较好。同时，锂辉石矿物表面有较多的 Li^+，而 Al^{3+} 相对少。由于 Li^+ 离子半径大，离子电荷少，因此对阴离子捕收剂吸附能力较弱，造成锂辉石在油酸钠等阴离子捕收剂浮选体系中可浮性较差。

钠长石结构由于 Al^{3+} 对 Si^{4+} 的取代，使晶格间隙中引入了补偿电价的大半径阳离子 Na^+，其以填充阳离子和补偿电荷的形式存在于骨架中。因此，钠长石结构中 Na—O 键较弱，而 Al—O 和 Si—O 键较强，且键强接近；钠长石碎磨解理时只有当 Al—O 和 Si—O 键断裂后才有 Na—O 键断裂，故该矿物解理时必然伴有 Al—O 和 Si—O 键以及 Na—O 键的断裂，造成矿物表面同时有 Al^{3+}、Si^{4+}、Na^+ 的存在。同时，由于［AlO_4］四面体对［SiO_4］四面体的取代，造成长石晶体中各向联结力不平衡，从而在平行于硅氧链的方向形成 2 个较好的解理面（010）和（001），两组解理面（001）与（010）的夹角约为 86°。解理面上主要断裂的是 Na—O 键，而 Si—O 和 Al—O 数量相对少，极化程度较低。断裂时补偿表面的 Na^+ 阳离子溶解后，与水中 H^+ 发生交换，使 H^+ 吸附于矿物表面的氧区，同时暴露于矿物表面的 Si^{4+} 和 Al^{3+} 均能键合水中 OH^-，造成矿物表面荷负电，零电点很低。因此，表面纯净的长石难以用阴离子捕收剂油酸钠进行浮选，而易用阳离子捕收剂十二胺进行浮选[15]。

白云母结构中 K—O 键的键强远小于 Al—O 和 Si—O 键，故白云母碎磨解理时 K—O 键最易发生断裂，即在外力作用下云母主要沿层间解理，解理面上暴露出大半径的 K[+] 阳离子。这些阳离子溶解于水后，与水中 H[+] 发生交换，使 H[+] 吸附于表面氧区。由于云母为片状构造，因此 H[+] 可以大面积吸附在矿物表面。同时，由于 Si 被 Al 取代，也必然使矿物解理时暴露 [(Si、Al)O₄] 四面体阴离子，其表面不饱和键为离子键，具有很强的键合水中的羟基能力，亲水性好。因此该矿物零电点极低。表面纯净的云母，用阴离子捕收剂油酸钠浮选时完全不浮；而用阳离子捕收剂十二胺浮选时，在较宽的 pH 值范围内，均可以完全回收。白云母碎磨后主要为片状结构，解理面主要为底面（001）面，则白云母底面与端面的面积比很大，云母表面性质主要由底面（001）面决定。由于白云母性质主要由底面（001）面决定，其表面各向异性研究意义不大，所以本小节主要对锂辉石和钠长石晶体表面的各向异性进行研究。

3.3　伟晶岩型铝硅酸盐矿物各晶面的表面能计算

矿物晶体表面能是指在外力作用下沿某一晶面方向使晶体解理断裂成 2 个独立表面所需能量，其大小取决于表面原子间的相互作用，与表面原子的几何结构密切相关。对于没有外力作用的表面系统，系统总表面能将自发趋向于最低化。表面能越低，说明表面的稳定性越高[16]。

本研究基于 DFT 的第一性原理——超软赝势平面波方法[17]，借助 Materials Studio 6.0 软件中的 CASTEP 模块，计算锂辉石、钠长石各个晶面的表面能。表面能 E_{surf} 的计算公式[18,19]如下：

$$E_s = \frac{E_{slab} - mE_{bulk}}{2A} \tag{3-4}$$

式中　E_{slab}，E_{bulk}——分别表示表面模型和原胞的总能量；

　　　　　m——切割晶面的层数；

　　　　　A——表面模型沿 Z 轴方向的面积；

　　　　　2——表面模型沿 Z 轴方向有上下两个表面。

表面能计算前，首先需对两种铝硅酸盐矿物的晶胞进行几何优化。本研究选用局域密度近似 LDA[20]、广义梯度近似 GGA[21]对锂辉石的晶胞参数分别进行几何优化，优化结果见表 3-3。与实验室测量值及文献相比[1]，GGA-PW91 优化后的晶胞参数与实验值最接近。所以，在后续的计算中，采用 GGA-PW91 交换关联势对两种矿物各表面晶胞总能量、表面能进行几何优化计算。

表 3-3　不同优化方法得到锂辉石的晶胞参数比较

方法	a/nm	b/nm	c/nm	β/(°)
GGA-PBE	0.9627	0.8503	0.5276	110.7015
GGA-PW91	0.9617	0.8493	0.5274	110.6156
LDA-CA-PZ	0.9385	0.8275	0.5157	110.6306
Experimental	0.9468	0.8412	0.5224	110.167

　　计算过程中，倒易空间中平面波截断能设置为 340eV，布里渊区积分采用 Monkhorst-Park 形式按精度取 k 点的方法[22]，计算模型精度均设置为 fine。在自洽场运算中，应用 Pulay 密度混合法，自洽精度取 1.0×10^{-6} eV/atom。在计算性能之前均采用 BFGS 方法对各结构优化，得到弛豫后表面的最稳定构型。所有表面原子平均受力不大于 0.03eV/nm，公差偏移小于 1×10^{-4} nm，应力偏差小于 0.05GPa。采用三维周期性边界条件的超晶胞模型模拟表面晶胞。真空层厚度小于晶体平衡距离时，Z 轴方向上相邻表面晶胞的离子层之间表现出很强的相互作用。为了保证沿 Z 轴方向 2 个表面晶胞间不发生相互作用，使计算的表面能值趋于稳定和准确，必须要有足够厚的真空层。研究表明，真空厚度为 1.0nm 以上能满足要求。本研究选用厚度为 1.5nm 的真空层来消除真空层厚度对表面能计算值的影响。

　　在基于密度泛函理论（DFT）计算中，表面晶胞中离子层数大小也是决定表面能计算结果有效性的一个重要因素。由于，铝硅酸盐矿物晶体结构复杂，原胞中原子数量多，计算工作量大，耗时大，故在此仅以锂辉石（001）晶面模型为例，考察表面离子层厚度对表面能计算值的影响，计算结果见表 3-4。

　　由表 3-4 可知，在表面离子层数大于 3 时，表面能的计算值收敛于 0.001J/m²。同时计算表明，k 点密度在大于 $3 \times 3 \times 1$ 时，计算所得表面能值的误差在 0.001J/m² 之内。综合考虑计算时间和精度的要求，本研究选取表面离子层数为 3，真空层厚度 1.5nm，k 点密度为 $5 \times 5 \times 1$ 进行表面能模拟计算。锂辉石和钠长石各晶面的表面能计算结果见表 3-5。

表 3-4　采用 GGA-PW91 优化计算锂辉石（001）面不同层数的表面能

锂辉石晶面	总能量/eV	表面层数	表面能/J·m^{-2}
{001}	-6195.73	1	1.22
	-12395.67	2	1.43
	-18596.35	3	1.57
	-24789.14	4	1.58
	-30999.21	5	1.55

注：锂辉石原胞的体系总能量为 -6201.38eV，（001）面的面积 $A = 0.38$nm²。

表 3-5 采用 GGA-PW91 优化计算所得锂辉石和钠长石各晶面的表面能

晶体	晶面	表面层数	表面能/J·m^{-2}
锂辉石	(110)	3	1.28
	(001)	3	1.57
	(100)	3	1.88
钠长石	(010)	3	1.19
	(001)	3	1.23
	(110)	3	2.06

由表 3-5 可知，计算得出锂辉石各个晶面 (110)、(001) 和 (100) 的表面能分别为 1.28J/m^2、1.57J/m^2 和 1.88J/m^2，各晶面表面能大小顺序为 (110) < (001) < (100)，模拟结果与国外不同的研究小组结果相一致[23]。钠长石各个晶面 (010)、(001) 和 (110) 的表面能分别为 1.19J/m^2、1.23J/m^2 和 2.06J/m^2，各晶面表面能大小顺序为 (010) < (001) < (110)。研究表明，晶体的表面能与该晶面的生长速率有关，晶面的表面能越大，其生长速度越快，越不容易在晶体最后的形貌中表现出来；而晶面的表面能越小，该晶面越容易在晶体的最后稳定形貌中暴露，即在外力作用下，所需克服的作用能最低，从而最容易沿该晶面解理[24]。所以对于锂辉石来说，(110) 面最容易产生解理，是锂辉石的最常见解理面和暴露面，(100) 次之，(001) 面较难解理和断裂。对于钠长石来说，(010) 面和 (001) 面的表面能很相近，而且远小于 (110) 面；则 (010) 面和 (001) 面应为钠长石的最常见解理面和暴露面，而 (110) 面很难解理和断裂。

图 3-6 所示为锂辉石单矿物粉末样的 XRD 图谱，在层间距为 $d=0.61006$nm 处对应锂辉石 {110} 面，此处衍射峰的强度最大，说明 (110) 面的暴露程度最大，同时平行于 (110) 的 (220)、(330)、(440) 衍射峰强度也比较大，证明沿 {110} 面或平行于 (110) 面锂辉石最容易产生解理，与表面能计算结果相一致。同时可见平行于 (100) 面的 (200) 以及 (001) 的 (002) 面。结合实际情况，在宏观上，无论是块矿还是粉末，单斜柱状的锂辉石晶体主要以 (110) 为端面、(001) 为底面。所以锂辉石的疏水性和可浮性主要取决于 (110) 和 (001) 两个晶面的性质。

图 3-7 所示为钠长石单矿物粉末样的 XRD 图谱，在层间距为 $d=0.63616$nm 对应的 (020) 面处、$d=0.36638$nm 对应的 (002) 处的衍射峰强度比较大，说明分别平行于 (010)、(001) 面的 (020) 面和 (002) 面的暴露程度大，证明沿钠长石 (010) 面或平行于 (110) 面以及沿 (001) 面或平行于 (001) 面最容易产生解理，与表面能计算结果相一致。可以预测钠长石的常见暴露面为 (010) 面和 (001) 面，所以钠长石的疏水性和可浮性主要取决于 (010) 和 (001) 两个暴露面的性质。

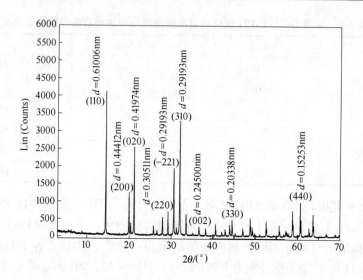

图 3-6   锂辉石单矿物粉末样的 XRD 图谱

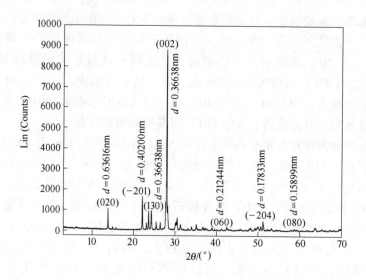

图 3-7   钠长石单矿物粉末样的 XRD 图谱

3.4   伟晶岩型铝硅酸盐矿物断裂键的各向异性

铝硅酸盐矿物的可浮性与矿物解理后表面暴露元素的数量、种类密切相关，而这直接取决于矿物的晶体结构及化学键断裂后的特征。矿物表面原子的断裂键性质属于矿物的本征性质。研究表明，矿物的表面断裂键性质可预测和验证矿物的解理性质和常见的暴露面，预测表面原子的化学反应活性[22]。因此分析铝硅酸盐矿物晶体结构不同晶面的断裂键性质对理解矿物的表面特性及可浮性具有重要的意义。

利用 Material Studio（MS）软件中的 Crystal Builder 模块构建出矿物的晶胞，使用 Surface Builder 模块切割出每种矿物的一系列不同晶面，依据断裂键的计算原则（沿某一面网方向，使得相邻离子层之间的化学键完全断开并形成 2 个独立的晶面），并根据不同晶面截面上不饱和原子的情况及周期性，可计算出矿物的不同晶面的断裂键数 N_b，锂辉石和钠长石的具体计算模型分别见图 3-8 ~ 图 3-10。同时，用式（3-5）可计算出各个晶面的断裂键密度：

$$D_b = \frac{N_b}{A} \tag{3-5}$$

式中　N_b——某晶面单位晶胞范围内的断裂键数；

　　　D_b——该晶面上单位面积（$1nm^2$）上的断裂键数；

　　　A——该晶面上单位晶胞的面积。

需要指出的是，各晶面总的断裂键密度按理应该是各个单一断裂键密度之和，但在铝硅酸盐矿物中 Si—O、Al—O 和 M—O 键的键强不一样，每种类型键断裂所需的能量不一样。由前面化学键特征分析可知，键强大小顺序为 Si—O > Al_{IV}—O > Al_{VI}—O > M—O。所以，为了能更加真实反应各晶面总断裂键密度的大小，本书提出了计算铝硅酸盐矿物总断裂键密度的修正系数 k。修正系数 k 与键的键能相关，由于键能测量困难，文献报道也很少，因此用在 3.2.1 小节中计算化学键平均键价 S 来简单衡量，k 即为 M—O 键平均键价 S 与 Si—O 键的平均键价 S 的比值。由表 3-2 可计算出，$k_{Si—O} = 1.0$；$k_{Al_{IV}—O} = 0.91$；$k_{Al_{VI}—O} = 0.72$；$k_{Li—O} = 0.52$；$k_{Na—O} = 0.52$。

3.4.1 锂辉石晶体断裂键的各向异性

由图 3-8 及式（3-5）可计算出锂辉石各晶面不同类型断裂键的密度，计算结果见表 3-6。由表 3-6 可知，在锂辉石单位晶胞（110）面上，当矿物碎磨时，Li—O 键和 Al—O 键会断裂。对于（001）面，Si—O 键、Li—O 键和 Al—O 键都会断裂；对于（100）面，Li—O 键和 Al—O 键会断裂，Si—O 键不会断裂。每个晶面断裂键数量不一样，只有（001）面断裂 Si—O 键，各个晶面的断裂键呈现各向异性。各类型断裂键密度大小顺序为：$D_{b Li—O(100)}$ > $D_{b Li—O(001)}$ > $D_{b Li—O(110)}$；$D_{b Al—O(100)}$ > $D_{b Al—O(110)}$ > $D_{b Al—O(110)}$。对于伟晶岩型铝硅酸盐矿物浮选体系，工业实践中主要是采用阴离子捕收剂脂肪酸类，这样我们最关心的是与脂肪酸类捕收剂作用的活性质点 Al，即 Al—O 断裂键。所以，下面主要讨论锂辉石各个晶面 Al—O 键断裂的情况。

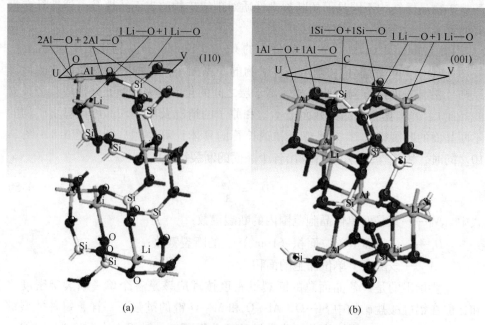

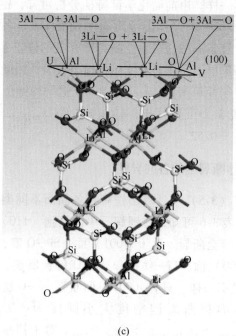

图 3-8　锂辉石主要晶面断裂键的计算示意图

(a) (110)；(b) (001)；(c) (100)

表 3-6 锂辉石晶体各晶面不同种类的断裂键数的计算及数值

断裂键	晶面	N_b	单位晶胞面积计算式	A/nm^2	D_b/nm^{-2}
Li—O	110	2	$A = 0.522 \times 0.630 \times \sin104.85°$	0.33	6.06
	001	2	$A = 0.630 \times 0.630 \times \sin83.24°$	0.38	5.26
	100	6	$A = 0.522 \times 0.841 \times \sin90°$	0.44	13.64
Al—O	110	4	$A = 0.522 \times 0.633 \times \sin104.85°$	0.33	12.12
	001	2	$A = 0.630 \times 0.630 \times \sin83.24°$	0.38	5.26
	100	6	$A = 0.522 \times 0.841 \times \sin90°$	0.44	13.64
Si—O	001	2	$A = 0.633 \times 0.633 \times \sin83.24°$	0.39	5.10

Al—O 键断裂后，晶面就会暴露出 Al^{3+}，成为阴离子捕收剂脂肪酸类药剂吸附活性位点。从理论上来说，晶面 Al—O 键的单位面积断裂键数越大，Al 活性质点数越多，与药剂作用越强。由 Al—O 断裂键大小关系：$D_{b\,Al—O(100)} > D_{b\,Al—O(110)} > D_{b\,Al—O(110)}$ 可以得出锂辉石各个晶面与油酸钠反应强度顺序应该为 (100) > (110) > (001)。但需要特别指出的是，药剂与矿物表面作用强度不仅与活性质点密度有关，还与活性质点的空间方位分布特征等密切相关。如图 3-8 所示，锂辉石不同晶面上每个 Al 原子断裂的 Al—O 键不同。在 (110) 面上每个 Al 断裂 2 个 Al—O 键，每个断裂的 Al—O 键的静电价为 +1/2，则 Al 的静电键强度为 +1。而油酸钠带 -1 价的羧酸根基团中的 2 个 O 静电价均为 -1/2，即 (110) 每个 Al 断裂的 2 个 Al—O 键刚好与羧酸根基团上的 O 的价电相吻合。所以，(110) 面上 Al 质点是油酸根离子理想的吸附位点。对于 (001) 面，每个 Al 仅断裂 1 个 Al—O 键，其静电价为 +1/2，不能满足 -1 价羧酸根离子的吸附，致使 (001) 面吸附油酸根的强度明显小于 (110) 面。对于 (100) 面，每个 Al 断裂 3 个 Al—O 键，其静电价为 +3/2，也满足 -1 价羧酸根离子的吸附，还剩 +1/2 的静电价。由上述表面能计算可知，(100) 面不是锂辉石的常见暴露面，锂辉石碎磨后在浮选体系中主要是由 (110) 面和 (001) 面所构成。由此，可见锂辉石吸附油酸根离子表现出各向异性，具体的吸附模型示意图如图 3-9 所示。第 4 章中将通过 MS 分子动力学模拟计算锂辉石 2 个主要暴露面 (110) 面和 (001) 面与油酸钠作用的吸附能以及吸附构型，以进行进一步的验证。

同时，为了进一步理解锂辉石表面断裂键密度对矿物表面特性的影响，计算了实际总断裂键密度和修正总断裂键密度，计算结果见表 3-7。由表 3-7 计算结果可知，锂辉石各晶面总断裂键密度实际值大小关系为 $D_{b\Sigma Li—O+Al—O+Si—O(100)} > D_{b\Sigma Li—O+Al—O+Si—O(110)} > D_{b\Sigma Li—O+Al—O+Si—O(001)}$。考虑不同键的键强，总断裂键密度进行修正的计算值大小关系为：$D_{b\Sigma Li—O+Al—O+Si—O(100)} > D_{b\Sigma Li—O+Al—O+Si—O(001)} > D_{b\Sigma Li—O+Al—O+Si—O(110)}$。高志勇和刘晓文等人[22,24]的研究表明，表面断裂键密度与表面能之间呈正比例关系，即随着表面断裂键密度的增加，表面能在增加。断

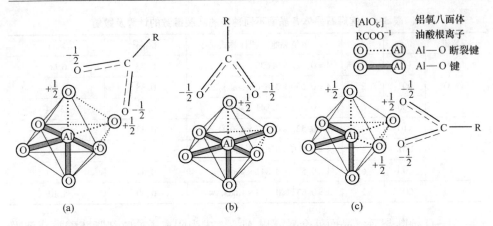

图 3-9 锂辉石不同暴露面上活性质点 Al 吸附油酸根离子的方式的示意图

(a) (110) 面；(b) (001) 面；(c) (100) 面

裂键密度越小，越容易沿此方向形成解理和裂开。由表面能计算结果及 XRD 实际测试结果可知，(110) 面的表面能最低，是锂辉石最常见的解理面，则其 $D_{b\Sigma Li-O+Al-O+Si-O(110)}$ 值应该最小。可见，采用修正系数 k 计算的锂辉石不同晶面总断裂键密度大小顺序与表面能计算结果相一致。因此，修正系数 k 对于铝硅酸矿物表面断裂键密度计算具有一定的可靠性。

表 3-7 锂辉石晶体各晶面总断裂键密度的计算及数值

各断裂键之和	晶面	实际计算公式	修正计算公式	$D_{b\Sigma Li-O+Al-O+Si-O}/nm^{-2}$	
				实际值	修正值
ΣLi—O + Al —O + Si—O	110	6.06 + 12.12	6.06 × 0.42 + 12.12 × 0.68	18.18	10.78
	001	5.26 + 5.26 + 5.26	5.26 × 0.42 + 5.26 × 0.68 + 5.26	15.78	11.05
	100	13.64 + 13.64	13.64 × 0.68 + 13.64 × 0.87	27.28	21.14

3.4.2 钠长石晶体断裂键的各向异性

由图 3-10 及式 (3-5) 可计算出钠长石各晶面不同类型断裂键的密度，计算结果见表 3-8。由表 3-8 可见，在 (010) 面上，当钠长石被碎磨后，Si—O 键和 Na—O 键会断裂，没有 Al—O 键的断裂；对于 (001) 面，Na—O 和 Al—O 会断裂，而没有 Si—O 键断裂；对于 (110) 面，Na—O、Al—O 和 Si—O 键均会断裂。各类型断裂键密度大小顺序为：$D_{b Na-O(001)} = D_{b Na-O(110)} > D_{b Na-O(010)}$；$D_{b Al-O(001)} > D_{b Al-O(110)}$；$D_{b Si-O(001)} = D_{b Si-O(110)}$。对于决定脂肪酸类阴离子捕收剂作用强弱的 Al—O 断裂键，钠长石只有 (001) 面和 (110) 面上产生，(010) 面上不断裂 Al—O。其中 (001) 面和 (110) 面上每个 Al 质点都只断裂 1 个 Al—O 键。所以钠长石 (001) 面和 (110) 面化学吸附油酸钠的能力强于常见解理面 (010)。

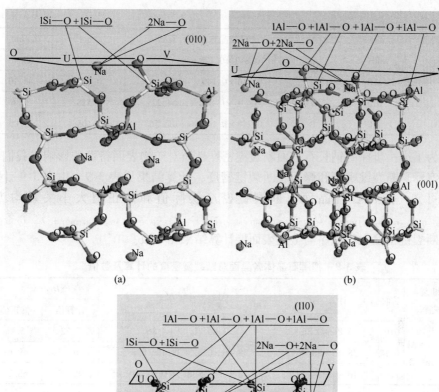

图 3-10 钠长石主要晶面断裂键的计算示意图

(a) (010); (b) (001); (c) (110)

表 3-8 钠长石晶体各晶面不同种类的断裂键数的计算及数值

断裂键	晶面	N_b	单位晶胞面积计算式	A/nm^2	D_b/nm^{-2}
Na—O	010	2	$0.716 \times 0.804 \times \sin 64.22°$	0.518	3.86
	001	4	$0.812 \times 0.128 \times \sin 87.71°$	0.104	38.46
	110	4	$0.716 \times 0.149 \times \sin 100.56°$	0.105	38.10

断裂键	晶面	N_b	单位晶胞面积计算式	A/nm^2	D_b/nm^{-2}
Al—O	001	4	$0.812 \times 0.128 \times \sin87.71°$	0.104	38.46
	110	4	$0.716 \times 0.149 \times \sin100.56°$	0.102	38.10
Si—O	010	2	$0.716 \times 0.804 \times \sin64.22°$	0.518	3.86
	110	2	$0.716 \times 0.149 \times \sin100.56°$	0.105	19.05

为了进一步探明钠长石表面断裂键密度性质对矿物表面特性的影响,我们计算了实际总断裂键密度和修正总断裂键密度,计算结果见表 3-9。由表 3-9 计算结果可知,钠长石各晶面总断裂键密度实际值和修正值大小关系均为: $D_{b\Sigma Na—O+Al—O+Si—O(110)} > D_{b\Sigma Na—O+Al—O+Si—O(001)} > D_{b\Sigma Na—O+Al—O+Si—O(010)}$。这个各晶面总断裂键密度大小顺序与上述表面能计算结果相一致。

表 3-9 锂辉石晶体各晶面总断裂键密度的计算及数值

各断裂键之和	晶面	计算公式	修正计算公式	$\Sigma D_b/nm^{-2}$	
				计算值	修正值
$\Sigma Na—O+Al—O+Si—O$	010	$3.86+3.86$	$3.86 \times 0.42+3.86$	7.72	5.48
	001	$38.46+38.46$	$38.46 \times 0.42+38.46 \times 0.87$	76.92	49.61
	110	$38.10+38.1+19.05$	$38.10 \times 0.42+38.1 \times 0.87+19.05$	95.25	68.20

综上所述,对于铝硅酸盐矿物,表面化学键强度越大,则表面能越大,表面断裂键密度也越大,矿物碎磨后不容易暴露;反之,矿物晶体晶面表面能越小,表面断裂键密度越小,而沿该晶面方向越容易产生解理和断裂。可以得出锂辉石和钠长石 3 个晶面的解理和暴露程度大小顺序分别为:(110) > (001) > (100)、(010) > (001) > (110)。可见,表面断裂键密度和表面能皆可以用来判断矿物表面的稳定性和解理性质。但是,相比复杂且耗时的表面能计算过程,表面断裂键密度的计算方法更简单、更省时,而且可以作为表面能计算值相对准确性的参考因素。下面我们将进一步阐述表面断裂键密度还可以预测矿物表面的润湿性。

3.5 伟晶岩型铝硅酸盐矿物表面润湿性的各向异性

矿物表面润湿性常用接触角 θ 来进行表征。θ 值越小,则矿物表面亲水性越强;θ 值越大,则矿物表面疏水性越强。浮选中常将 $\cos\theta$ 称为"润湿性",而把 $(1-\cos\theta)$ 称为"可浮性"。根据杨氏(Young)方程:

$$\gamma_{固-气} = \gamma_{固-液} + \gamma_{液-气}\cos\theta \tag{3-6}$$

式中 $\gamma_{固-气}$,$\gamma_{固-液}$,$\gamma_{液-气}$——分别是固-气、固-液、液-气界面的表面能;

θ——平衡接触角。

当捕收剂溶液相同时,液-气界面的表面能 $\gamma_{液-气}$ 是固定不变的,为常数;而对矿物不同表面，固-气界面的表面能 $\gamma_{固-气}$ 变化较小，也可以认为是固定值，即矿物表面润湿性主要取决于固-液界面的表面能 $\gamma_{固-液}$。则由式（3-6）可知，$\gamma_{固-液}$ 越大，润湿性 $\cos\theta$ 值越小，接触角 θ 值越大。研究表明，$\gamma_{固-液}$ 由矿物碎磨时，矿物晶体晶面上断裂键的密度所决定[24]。矿物晶体单位晶面上的断裂键密度愈大，未饱和键力就愈大，与水分子作用能力就愈强，表现为亲水性越好。也就是说，断裂键密度 D_b 值越大，固-液界面越容易发生水化反应，则固-液界面的表面能 $\gamma_{固-液}$ 越小。所以，D_b 值越大，$\gamma_{固-液}$ 越小，润湿性 $\cos\theta$ 值越大，接触角 θ 值越小，亲水性越好。

由 3.4 节计算可知，锂辉石矿物晶体各晶面的总断裂键密度有如下关系：

$$D_{b\Sigma Li-O+Al-O+Si-O(100)} > D_{b\Sigma Li-O+Al-O+Si-O(001)} > D_{b\Sigma Li-O+Al-O+Si-O(110)}$$

可得出：$\gamma_{固-液(100)} < \gamma_{固-液(001)} < \gamma_{固-液(110)}$

并推出：$\theta_{(100)} < \theta_{(001)} < \theta_{(110)}$

对于钠长石则有下面的关系：

$$D_{b\Sigma Na-O+Al-O+Si-O(110)} > D_{b\Sigma Na-O+Al-O+Si-O(001)} > D_{b\Sigma Na-O+Al-O+Si-O(010)}$$

可得出：$\gamma_{固-液(110)} < \gamma_{固-液(001)} < \gamma_{固-液(010)}$

并推出：$\theta_{(110)} < \theta_{(001)} < \theta_{(010)}$

因此，对于这两种铝硅酸盐矿物晶体不同晶面，表现出润湿性的各向异性。锂辉石的各个晶面疏水性顺序为：（110）面 >（001）面 >（100）面；钠长石的各个晶面疏水性顺序为：（010）面 >（001）面 >（110）面。

为了验证伟晶岩型铝硅酸盐矿物润湿性的各向异性，我们进行了不同晶面的接触角测试实验。由于钠长石单晶晶体比较难找，我们只找到锂辉石单晶晶体。所以，本小节仅以锂辉石为例。通过前期矿物晶体单晶样品的制备，制备和切割出锂辉石不同暴露面（110）面和（001）面。制备的方法：图 3-11 所示是经过切割和打磨后的锂辉石不同晶面的照片。这 2 个晶面分别经过单晶 XRD 测试，结果分别如图 3-12 和图 3-13 所示。由图 3-12 和图 3-13 可知，切割的两个晶面分别为（110）面和（001）面的 XRD 图谱，这样保证了接触角测试结果的可靠性。

图 3-11　经过切割和打磨后的锂辉石不同暴露面的照片

接触角测试方法为：将纯度较高、结晶较好的锂辉石矿块，定向出解理面

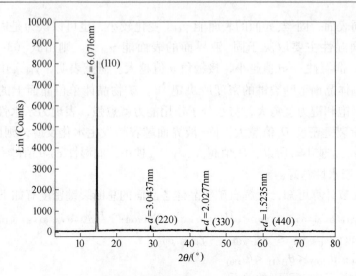

图 3-12 锂辉石晶体解理面（110）的 XRD 图谱

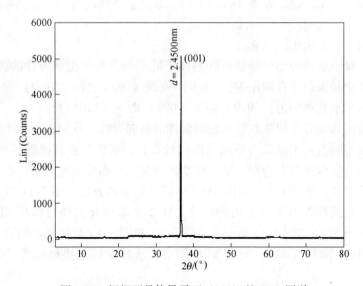

图 3-13 锂辉石晶体暴露面（001）的 XRD 图谱

（110）面以及常见暴露面（001）面，分别用小型金刚石线切割机小心切割，之后磨光滑表面，放在去离子水中用超声波震荡 5min，然后放在一定药剂浓度的溶液中作用 5min，取出后用去离子水将锂辉石不同暴露面的药剂冲掉，并用氮气将锂辉石表面水分吹干后测接触角，同一片锂辉石取 6 个点测接触角，并取其平均值作为最终的实验数据。每测完一次接触角，用乙醇冲洗矿物表面，然后用粒度为 2.6μm 的金相砂纸对矿石表面抛光，露出新鲜锂辉石新鲜表面，并用去离子水冲洗，进行下一个接触角测定。

在德国 DSA30 接触角测量仪上采用悬滴法测定液体在矿物晶体表面的接触角，该测量仪配备手动成滴系统、高性能 CCD 视频照相机和根据液滴在矿物表面形状计算相应接触角的软件，测量精度为 ±2°。接触角测量在 20℃ 左右的室温下进行，将每个待测液滴处于稳定状态的接触角值作为最后的实验测量值，如图 3-14 所示。整个测量过程中使用的蒸馏水皆为超纯去离子水，其电阻率大于 18.3MΩ·cm。

图 3-14　液滴与矿物表面作用稳定后的接触角图像

锂辉石常见暴露晶面（110）面和（001）面在纯水中的接触角随溶液 pH 值的变化规律如图 3-15 所示。由图 3-15 可知，不同 pH 条件下，2 个晶面在纯水中的接触角均低于 20°。这与锂辉石表面具有很强的亲水性相吻合。溶液 pH 值对矿物表面接触角有一定的影响，但变化不明显，仅仅在强酸和强碱条件下接触角有一定的下降。两个晶面疏水性的大小顺序为：（110）>（001），与上述通过断裂键密度大小推导出的顺序一致，说明通过表面断裂键密度预测矿物表面的润湿性具有一定的可靠性。

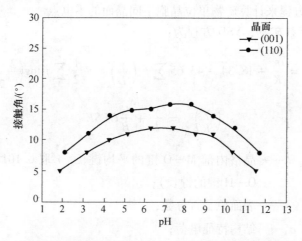

图 3-15　锂辉石常见暴露晶面在纯水中接触角随溶液 pH 值的变化规律

3.6　伟晶岩型铝硅酸盐矿物表面电性的各向异性

矿物在水溶液中均会发生表面吸附或解理，因此固-液界面就分布有与表面异号的电荷，使矿物与水溶液界面形成电位差，即形成双电层。当矿物表面电位为零时，定位离子活度的负对数叫"零电点"，用 PZC 表示；当没有特性吸附，动电位为零时定位离子活度的负对数叫"等电点"，用 IEP 表示。PZC 和 IEP 是表征矿物表面行为的重要特性参数，当部分阴离子或阳离子捕收剂浮选矿物是以静电力吸附作用为主时，可以作为吸附或浮选与否的判据[25]。铝硅酸盐矿物在水溶液中形成的双电层，其定位离子为 H^+ 和 OH^-，矿物的表面电位取决于溶液中定位离子的活度。依据铝硅酸矿物表面断裂时 Si—O 键、Al—O 键及 Me—O 键的特性不同，形成电性不同的表面，其荷电机理如图 3-16 所示[26]。

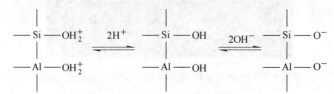

图 3-16　铝硅酸盐矿物表面荷电机理示意图

由图 3-16 可知，铝硅酸盐矿物不同晶面断裂键不一样，在水溶液中选择性解理 H^+ 和 OH^- 的数量不一样，荷电行为也有差别，即铝硅酸盐矿物表面电性应该呈现各向异性。下面通过理论计算矿物不同晶面的零电点 PZC。对矿物表面零电点的理论计算主要有图解法和静电模型法两类，图解法是依据溶液平衡对数图；而静电模型法主要有 Parks 理论和 Yoon-Salman-Donnay（YSD）方程[27,28]。下面利用 YSD 方程来计算矿物单位晶胞不同晶面的零电点。

对于铝硅酸盐矿物，YSD 方程为：

$$PZC = \frac{\sigma_i}{K} + 18.34 - 43.65 \sum_1^n f_i \left(\frac{\gamma}{L}\right)_{\text{eff}}^i - \frac{1}{2} \sum_1^n f_i \log\left(\frac{2-\gamma}{\gamma}\right) \tag{3-7}$$

$$\left(\frac{\gamma}{L}\right)_{\text{eff}} = \frac{\gamma}{L} + \frac{C}{B}CFSE \tag{3-8}$$

式中　$L = \bar{L} + r$，$\bar{L}$——晶格内部 M—O 键的平均键长，r 取 0.101nm（冰晶格中 O—H 键的键长）；

f_i——表面原子百分数；

σ_i——结构特征电荷；

K——常数；

$CFSE$——配位体场稳定化能；

γ——静电价强度，计算公式如下：

$$\gamma = \frac{Z}{CN} \tag{3-9}$$

Z——阳离子的形式电荷；

CN——阳离子的配位数。

对于铝硅酸盐矿物，$CFSE = 0$，$\sigma_i = 0$，则用于计算铝硅酸盐矿物晶体不同晶面的 PZC 的式（3-7）可简化为：

$$PZC = 18.34 - 43.65 \sum_1^n f_i \left(\frac{\gamma}{L}\right)^i - \frac{1}{2} \sum_1^n f_i \log\left(\frac{2-\gamma}{\gamma}\right) \tag{3-10}$$

利用式（3-10）可计算出锂辉石和钠长石不同晶面的 PZC，计算结果分别见表 3-10 和表 3-11。由表 3-10、表 3-11 可知，锂辉石（110）面的零电点为 1.86，（001）面的零电点为 1.36，（100）面的零电点为 4.15；钠长石（010）面的零电点为 1.27，（001）面的零电点为 1.96，（110）面的零电点为 3.07。可得出锂辉石和钠长石通过理论计算出的不同晶面的 PZC 值不一样，伟晶岩型铝硅酸盐矿物表面电性呈现出各向异性。在浮选体系中，表面电性各向异性的矿物会发生自凝聚现象，对于指导矿物的分散和团聚行为具有重要的作用。关于铝硅酸盐矿物表面电性的各向异性进一步验证还需采用原子力显微镜 AMF 测量不同晶面与探针之间的相互作用力，然后依据相互作用力与距离曲线推算出矿物表面电性。

表 3-10　锂辉石不同晶面理论计算 PZC 参数及计算值

矿物	晶面	断裂键的分数 f			平均键长 $\bar{L}$/nm			静电价强度 γ			计算结果 PZC
		Li—O	Al—O	Si—O	Li—O	Al—O	Si—O	Li	Al	Si	
锂辉石	110	2/6	4/6	0							1.86
	001	2/6	2/6	2/6	0.223	0.195	0.163	1/6	3/6	4/4	1.36
	100	6/12	6/12	0							4.15

表 3-11　钠长石不同晶面理论计算 PZC 参数及计算值

矿物	晶面	断裂键的分数 f			平均键长 $\bar{L}$/nm			静电价强度 γ			计算结果 PZC
		Na—O	Al—O	Si—O	Na—O	Al—O	Si—O	Na	Al	Si	
钠长石	010	2/4	0	2/4							1.27
	001	4/8	4/8	0	0.259	0.174	0.162	1/8	3/4	4/4	1.96
	110	4/10	4/10	2/10							3.07

3.7 本章小结

本章系统阐述了伟晶岩型铝硅酸盐矿物的晶体结构及表面性质的各向异性。通过理论计算了不同矿物的化学键特征；基于 DFT 模拟计算了锂辉石和钠长石各个晶面的表面能；借助 MS 6.0 软件计算了各晶面的断裂键密度；通过表面能及断裂键密度预测了矿物常见的解理面和暴露面以及矿物的润湿性，并分别采用矿物晶体和粉末样品的 XRD 和接触角测试验证了预测的准确性；最后通过理论计算了各矿物不同晶面的零电点。结论如下：

（1）3 种伟晶岩型铝硅酸盐矿物晶体结构最显著的差异性为：锂辉石晶体结构中 Al 在硅氧四面体骨干之外，以六配位的形式组成 [AlO$_6$] 八面体；钠长石晶体结构中 1 个 Al 取代了 Si 呈 [AlO$_4$] 四面体，其中 Al∶Si = 1∶3；而白云母晶体结构中 [AlO$_4$] 四面体和 [AlO$_6$] 八面体同时存在，其中 [AlO$_4$] 四面体与 [SiO$_4$] 四面体的比例为 1∶3。

（2）理论计算的铝硅酸盐矿物结构中 M^{n+} 静电价强度、M^{n+}—O^{2-} 键平均键长、库仑力、平均键价之间具有极好的一致性。可以推知：在铝硅酸盐矿物结构中，[SiO$_4$] 四面体 Si—O 键是最强的，当 Al 取代 Si 时，[AlO$_4$] 四面体中 Al—O 键的键强次之，[AlO$_6$] 八面体 Al—O 键的键强较弱，其他金属 M—O 键的键强最弱。

（3）表面能可以预测铝硅酸盐矿物常见解理面和暴露面。晶面的表面能越大，其生长速度越快，越不容易在晶体最后的形貌中表现出来；而晶面的表面能越小，该晶面越容易在晶体的最后稳定形貌中暴露；同时在外力作用下，最容易沿表面能低的晶面解理。结合碎磨后粉末样品的 XRD 测试，可得出锂辉石 (110) 面的表面能最低，为锂辉石的解理面和常见暴露面。钠长石 (010) 面和 (001) 面表面能都很低，为最常见解理面和暴露面。

（4）矿物的表面断裂键密度与表面能呈正相关关系，其也可预测矿物的解理性质和常见的暴露面，并可预测表面原子的化学反应活性。对于铝硅酸盐矿物 Al—O 断裂键密度决定了矿物表面化学吸附阴离子脂肪酸类捕收剂的强度。锂辉石 (110) 面断裂后暴露的 Al^{3+} 是吸附油酸根离子最理想的活性位点。

（5）伟晶岩型铝硅酸盐矿物不同晶面的润湿性不同，由矿物的表面断裂键密度所决定。断裂键密度越大，矿物表面亲水性越好。接触角测试实验发现锂辉石 (110) 面的疏水性大于 (001) 面的疏水性，证实了锂辉石表面润湿性的各向异性。

（6）通过 YSD 方程理论计算了伟晶岩型铝硅酸盐矿物不同晶面的 *PZC*，得出矿物表面电性也具有各向异性的特性。具体为锂辉石 (110) 面的零电点为 1.86，(001) 面的零电点为 1.36，(100) 面的零电点为 4.15；钠长石 (010) 面的零电点为 1.27，(001) 面的零电点为 1.96，(110) 面的零电点为 3.07。

参 考 文 献

[1] Moon K S, Fuerstenau D W. Surface crystal chemistry in selective flotation of spodumene（LiAl [SiO₃]₂）from other aluminosilicates [J]. International Journal of Mineral Processing, 2003 （72）：11~24.

[2] 贾木欣, 孙传尧. 几种硅酸盐矿物对金属离子吸附特性的研究 [J]. 矿冶, 2001, 10 （3）：25~30.

[3] 孙传尧, 印万忠. 同一矿体中锂辉石, 霓石的浮游性差异分析 [J]. 中国矿业大学学报, 2001, 30 （6）：531~536.

[4] 贾木欣, 孙传尧. 几种硅酸盐矿物晶体化学与浮选表面特性研究 [J]. 矿产保护与利用, 2001 （5）：25~29.

[5] 贾木欣, 孙传尧. 几种硅盐矿物零电点, 可浮性及键价分析 [J]. 有色金属：选矿部分, 2001 （6）：1~9.

[6] 董发勤. 应用矿物学 [M]. 北京：高等教育出版社, 2015：508~513.

[7] 周寒青. 长石性质与浮选行为之间的关系 [J]. 非金属矿, 1986, 5：15.

[8] 张永旺, 曾溅辉, 刘琰, 等. 周口店花岗闪长岩中斜长石晶体化学及谱学特征研究 [J]. 光谱学与光谱分析, 2009, 29 （9）：2480~2484.

[9] 段秀梅. 用一价盐浮选分离钠长石和钾长石 [J]. 国外金属矿选矿, 2001, 38 （9）：25~28.

[10] 潘兆橹. 结晶学与矿物学（下册）[M]. 北京：地质出版社, 1988：65~188.

[11] 孙传尧, 印万忠. 硅酸盐矿物浮选原理 [M]. 北京：科学出版社, 2001：38~39.

[12] 邵美林. 鲍林规则与键价理论 [M]. 北京：高等教育出版社, 1993.

[13] Brown I D, Shannon R D. Empirical bond-strength-bond-length curves for oxides [J]. Acta Crystallographica Section A：Crystal Physics, Diffraction, Theoretical and General Crystallography, 1973, 29 （3）：266~282.

[14] Gao Z Y, Sun W, Hu Y H, et al. Surface energies and appearances of commonly exposed surfaces of scheelite crystal [J]. Transactions of Nonferrous Metals Society of China, 2013, 23 （7）：2147~2152.

[15] 印万忠. 硅酸盐矿物晶体化学特征与表面特性及可浮性关系的研究 [D]. 沈阳：东北大学, 1999.

[16] Payne M C, Teter M P, Allan D C, et al. Iterative minimization techniques for ab initio total-energy calculations：molecular dynamics and conjugate gradients [J]. Reviews of Modern Physics, 1992, 64 （4）：1045~1097.

[17] Arya A, Carter E A. Structure, bonding, and adhesion at the ZrC （100）/Fe （110） interface from first principles [J]. Surface Science, 2004, 560 （1）：103~120.

[18] Shelef M. Selective catalytic reduction of NO$_x$ with N-free reductants [J]. Chemical Reviews, 1995, 95 （1）：209~225.

[19] Ceperley D M, Alder B J. Ground state of the electron gas by a stochastic method [J]. Physical Review Letters, 1980, 45 （7）：566~569.

[20] Perdew J P, Chevary J A, Vosko S H, et al. Atoms, molecules, solids, and surfaces: Applications of the generalized gradient approximation for exchange and correlation [J]. Physical Review B, 1992, 46 (11): 6671.

[21] Monkhorst H J, Pack J D. Special points for Brillouin-zone integrations [J]. Physical Review B, 1976, 13 (12): 5188~5192.

[22] 高跃升, 高志勇, 孙伟. 萤石表面性质各向异性研究及进展 [J]. 中国有色金属学报, 2016, 26 (2): 415~422.

[23] Šolc R, Gerzabek M H, Lischka H, et al. Wettability of kaolinite (001) surfaces-Molecular dynamic study [J]. Geoderma, 2011, 169: 47~54.

[24] 刘晓文. 一水硬铝石和层状硅酸盐矿物的晶体结构与表面性质研究 [D]. 长沙: 中南大学, 2003.

[25] Fuerstenau D W. Zeta potentials in the flotation of oxide and silicate minerals [J]. Advances in Colloid and Interface Science, 2005, 114 (1): 9~26.

[26] 胡岳华, 王毓华, 王淀佐. 铝硅矿物浮选化学与铝土矿脱硅 [M]. 北京: 科学出版社, 2004.

[27] Yoon R H, Salman T, Donnay G. Predicting points of zero charge of oxides and hydroxides [J]. Journal of Colloid and Interface Science, 1979, 70 (3): 483~493.

[28] 王淀佐, 胡岳华. 浮选溶液化学 [M]. 长沙: 湖南科学技术出版社, 1988.

4 油酸钠与伟晶岩型铝硅酸盐矿物表面作用的各向异性

锂辉石与其他含铝硅酸矿物之间的选择性分离是伟晶岩型锂辉石矿浮选的关键。在锂辉石矿浮选工业实践中，采用脂肪酸类阴离子捕收剂（如油酸、油酸钠等）从长石和白云母等铝硅酸盐矿物中选择性浮选分离锂辉石。通过第3章的研究发现，对于同一种矿物晶体，结晶方向不同，矿物不同晶面的活性质点排布有差异，表面能及断裂键密度不同，其反应活性也会有差别，致使矿物表面性质（润湿性和电性等）不同。不同暴露面上的润湿性、吸附性、活性质点密度及其空间方位分布特征等物理化学性质，直接影响浮选药剂在矿物-水界面上的吸附行为，进而影响矿物的浮选行为[1]。这是造成脂肪酸类阴离子捕收剂与具有相同活性吸附质点Al的铝硅酸盐矿物之间实现选择性吸附作用的根本原因是矿物表面活性质点的密度以及其空间方位分布特征等不同。所以，铝硅酸盐矿物的晶体化学因素是决定矿物可浮性差异性以及影响浮选药剂对矿物选择性作用的根本原因，即矿物表面晶体化学特性是产生选择性浮选分离的决定性因素。近年来，Rai等[2]通过分子动力学模拟研究了油酸钠在锂辉石2个不同解理面（110）和（001）面上的吸附差异性，并通过润湿性测定证实了（110）面疏水性大于（001）面。这为我们系统研究伟晶岩型铝硅酸盐矿物与药剂作用的各向异性提供了思路。因此，基于以上研究报道，本章从晶体化学特征出发，从表面Al质点空间分布及反应活性的微观角度研究油酸钠与伟晶岩型铝硅酸盐矿物常见暴露面的作用差异，以期找出作用差异最大暴露面，然后通过磨矿方式、介质改变以及调控扩大矿物润湿性的差异，即通过选择性磨矿来强化浮选分离伟晶岩型铝硅酸盐矿物。

4.1 单矿物试样的制备

由于四川甘孜州甲基卡和阿坝州金川锂辉石矿中，锂辉石、石英和长石的共生关系较为复杂，嵌布粒度较细，难以提取满足要求的锂辉石单矿物样品，因此，试验所用锂辉石矿样采自矿石成因相似的伟晶岩新疆可可托海稀有金属矿，钠长石矿样取自湖南衡山，云母取自川西某花岗岩云母矿山。矿块经手碎、手选除杂。再将挑选出的纯度较高的3种单矿物分别用带有刚玉衬板的颚式破碎机碎至5mm左右，然后用陶瓷球磨机磨至产品粒级为 −0.100mm（100目标准筛筛下产品），得到的 −0.10mm 粒度产品用场强为 1.3T 的 SLon 高梯度立环磁选机进行多次选别，以除去表面受铁污染的矿样。再将表面纯净的矿样锂辉石和长石的球磨产品分别用 0.075mm（200 目）、0.045mm（325 目）、0.038mm（400 目）、0.019mm（800 目）筛子筛分，其中 0.038mm（400 目）和 0.019mm（800 目）采用水筛。云母的球磨产品仅用 0.075mm（200 目）和 0.038mm（400 目）筛子筛分，粒度在 −0.075mm 到 +0.038mm 之间的部分用于单矿物浮选实验和吸附量测试等。各类产品用超纯水洗涤多次，并过滤、低温（50℃）烘干，将得到的最终矿样用蜀牛牌广口玻璃瓶保存备用。3 种单矿物的化学成分分析见表 4-1，锂辉石和钠长石的 X 射线衍射图谱见第 3 章 3.3 节中图 3-6 和图 3-7，白云母的 XRD 图谱如图 4-1 所示。

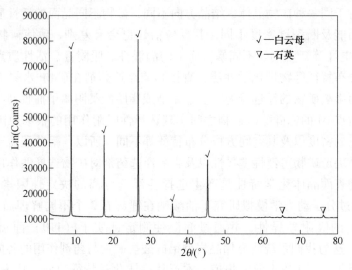

图 4-1 白云母的 XRD 分析图谱

由表 4-1 可知，锂辉石单矿物 Li_2O 品位为 7.86%，结合锂辉石的分子式 $LiAl(SiO_3)_2$ 可计算理论 Li_2O 含量为 8.04%、锂辉石的纯度为 97.76%；同理可计算出钠长石的纯度为 98.30%，云母中 Al_2O_3 占 32.53%，结合白云母的分子式计算显示该云母比较纯净，由图 4-1 结果表明其杂质矿物主要是石英。矿样化学分析和 XRD 结果表明石英单矿物的纯度非常高，满足后面试验研究的要求。总之，

表 4-1 实验所用的单矿物主要化学成分分析结果 （%）

化学成分	Li_2O	Na_2O	K_2O	SiO_2	Al_2O_3	Fe_2O_3
锂辉石	7.86	0.15	0.043	62.477	27.434	0.133
钠长石	—	11.60	0.144	66.432	20.584	0.253
云母	—	0.64	10.90	0.30	32.53	44.95

3 种矿物的主要化学成分分析和 XRD 图谱的结果表明单矿物纯度较高，均满足单矿物浮选和理论试验的要求。

对于不同粒级的锂辉石和钠长石分别采用美国康塔仪器有限公司 NOVA3000 型比表面和孔隙度分析仪、美国贝克曼库尔特 LS13320 型激光粒度测试仪进行了粒度分析和比表面积测定。结果见表 4-2 和表 4-3。其中，$-0.075mm + 0.038mm$ 粒级的白云母矿物的比表面积测量结果为 $3.474m^2/g$。

表 4-2 不同粒级锂辉石的粒度分布及比表面积

项　目	锂　辉　石			
	$-0.075 + 0.045mm$	$-0.045 + 0.038mm$	$-0.038 + 0.019mm$	$-0.019mm$
$D10/\mu m$	48.729	40.562	22.369	2.215
$D50/\mu m$	70.623	43.237	35.473	10.872
$D90/\mu m$	105.768	73.456	50.675	36.968
Vol. Weighted Mean $D[4, 3]/\mu m$	65.543	41.369	29.461	15.74
$SSA/m^2 \cdot g^{-1}$	0.448	0.856	1.267	1.845

表 4-3 不同粒级钠长石的粒度分布及比表面积

项　目	钠　长　石			
	$-0.075 + 0.045mm$	$-0.045 + 0.038mm$	$-0.038 + 0.019mm$	$-0.019mm$
$D10/\mu m$	50.943	42.678	25.497	5.365
$D50/\mu m$	74.476	44.857	37.874	14.768
$D90/\mu m$	110.874	76.639	58.782	41.026
Vol. Weighted Mean $D[4, 3]/\mu m$	69.957	43.841	33.663	17.871
$SSA/m^2 \cdot g^{-1}$	0.101	0.228	0.329	1.178

4.2 实验试剂和仪器

试验过程中所用主要药剂种类和纯度见表 4-4，主要设备及型号见表 4-5。

表 4-4 试验主要药剂一览表

药剂名称	分子式	品级	生产厂家
盐酸	HCl	分析纯	天津科密欧化学试剂有限公司
氢氧化钠	NaOH	分析纯	国药集团化学试剂有限公司
十二烷基三甲基氯化铵	$C_{12}H_{25}(CH_3)_3NCl$	化学纯	上海山浦化工有限公司
无水乙醇	C_2H_5OH	分析纯	成都科龙化工试剂厂

药 剂 名 称	分子式	品级	生 产 厂 家
油酸钠	$C_{17}H_{33}COONa$	分析纯	国药集团化学试剂有限公司
十二胺	$C_{12}H_{25}NH_2$	分析纯	国药集团化学试剂有限公司
冰醋酸	C_2H_5COOH	分析纯	国药集团化学试剂有限公司
油酸	$C_{18}H_{34}O_2$	分析纯	天津恒兴化学试剂有限公司
油酸钠	$C_{18}H_{33}O_2Na$	分析纯	国药集团化学试剂有限公司
氧化石蜡皂	$RCOONa$	工业品	株洲选矿药剂有限公司
环烷酸皂	C_6H_9COONa	工业品	株洲选矿药剂有限公司
SX		自制	试验室配制
MOD		自制	试验室配制
MSD		自制	试验室配制
氯化钙	$CaCl_2$	分析纯	国药集团化学试剂有限公司
氯化铝	$AlCl_3 \cdot 6H_2O$	分析纯	国药集团化学试剂有限公司厂
氯化铁	$FeCl_3 \cdot 6H_2O$	分析纯	国药集团化学试剂有限公司
硅酸钠	$Na_2SiO_3 \cdot 9H_2O$	分析纯	国药集团化学试剂有限公司
碳酸钠	Na_2CO_3	分析纯	国药集团化学试剂有限公司

表 4-5 试验主要设备一览表

设 备 名 称	设 备 型 号	生 产 厂 家
X 射线衍射仪	X' Pert PRO	荷兰帕纳科公司
X 射线荧光光谱仪	Axios	荷兰帕纳科公司
接触角测量仪	DSA30	德国克吕士
表面张力测试仪	K100	德国克吕士
X 射线光电子能谱仪	ESCALAB 250Xi	赛默飞世尔科技公司
傅里叶变换中/远红外光谱仪	Frontier	美国 PE 公司
总有机碳分析仪	liquid TOCII	德国 Elementar 公司
Zeta 电位测试仪	Zetasizer Nano ZS90	英国马尔文仪器公司
扫描电子显微镜	LEO440	德国 Leica Cambridge 有限责任公司
荧光分光光度计	日立 F-4500	日本日立公司
电子天平	JY2002	上海精密仪器有限公司
挂槽式浮选机	XFG 型 (40mL)	中国长春探矿机械厂
单槽式浮选机	XFD 型 (1.5L, 1.0L)	中国长春探矿机械厂
pH 计	PHS-3C 型	上海雷磁仪器厂
过滤机	DC-5c	天津华联矿山仪器厂

设 备 名 称	设 备 型 号	生 产 厂 家
真空干燥箱	DZF-6050	上海新苗医疗器械制造公司
锥形球磨机	XMBϕ240×90mm	武汉探矿机械厂
棒磨机	XMBϕ160×200mm	武汉探矿机械厂
SLon 高梯度立环强磁选机	SLon-500	赣州金环磁选设备有限公司
电热鼓风干燥箱	101A-3B	上海试验仪器总厂
磁力搅拌器	JB50-D	上海精密仪器仪表有限公司
离心机	TG16-WS	湘仪实验仪器开发有限公司
超声清洗器	KQ3200DB	昆山超声仪器有限公司
优普实验室超纯水机	UPR-I	成都超纯科技有限公司

4.3 实验方法

4.3.1 浮选试验

4.3.1.1 单矿物的浮选试验

单矿物浮选试验在 40mL 的 XFG 型挂槽浮选机上进行。浮选机的主轴转速为 1600r/min。浮选流程如图 4-2 所示。单矿物试验中每次称取 2.0g 单矿物放入浮选槽中，加入 35mL 的去离子水，搅拌 2min 后，加入 H_2SO_4 或 NaOH 调节 pH 值 2min，然后加入捕收剂，搅拌 3min 后测 pH，浮选 5min，最后用刮板手工刮出泡沫产品。过滤浮选后的泡沫产品和槽内产品，并分别烘干、称重，并计算回收率。

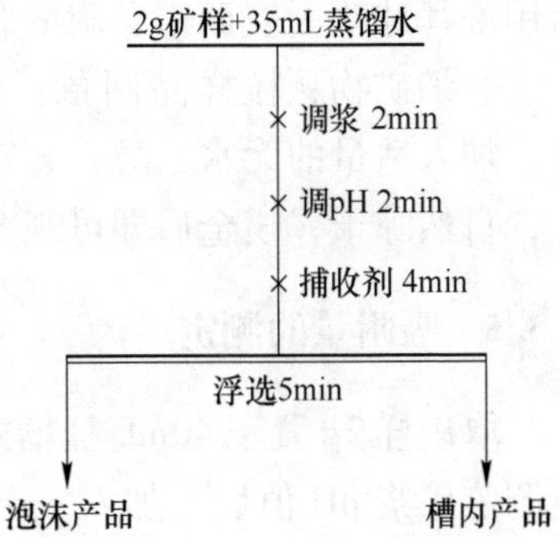

图 4-2 单矿物浮选试验流程

4.3.1.2 实际矿石浮选试验

实际矿石小型试验每次矿石用量为 500g，粗选、精矿分别在 1.5L 和 1.0L 的单槽浮选机上进行，实验用水为自来水。浮选试验流程见第 6 章，矿石经过破碎、磨矿后浮选，浮选产品进行烘干称重，化验品位，计算产率和回收率。

4.3.2 Zeta 电位的测定

将矿样用玛瑙研钵研磨至 −2μm，每次称取 20mg 矿样加入装有 50mL 的超纯水的 100mL 烧杯中，用磁力搅拌器搅拌 2min，再用 HCl 或 NaOH 调节 pH 值，测定矿浆 pH 值，最后加入一定浓度的油酸钠捕收剂，搅拌 5min，使矿浆充分分散，沉降 10min 之后取上层稀释的矿浆注入英国马尔文的 Zetasizer Nano Zs90 型电位分析仪的电泳池内进行电位测定。每个样品测量 3 次，取其平均值。

4.3.3 红外光谱分析

矿物、药剂及矿物与药剂作用后产物的红外光谱在 PE Frontier 型傅里叶变换中/远红外光谱仪上用透射法测定。与药剂作用矿样的制备方法和测试方法：在浮选槽内加入研磨至 −5μm 的 2g 矿物搅拌，再按照浮选试验顺序加入各种药剂，调浆完毕后将矿样取出，用同等 pH 条件蒸馏水清洗 3 次，然后真空抽滤，固体产物在室温下自然风干。测量时，取 1mg 矿物与 100mg 光谱纯的 KBr 混合均匀，用玛瑙研钵研磨；然后加到压片专用的磨具上加压、制片；最后进行测试。

4.3.4 扫描电镜分析（SEM）

在德国 Leica Cambridge 公司的 LEO440 型扫描电子显微镜上进行不同粒级矿物颗粒形貌变化分析。

粗矿物颗粒干粉的样品制备：直接将矿粉撒在小圆铜柱一端的双面胶上，然后用洗耳球吹去表面未黏附的颗粒，喷金后即可观察。

微细矿物颗粒样品制备：分别称取 20.0mg 微细粒级矿样放入 100mL 烧杯中，加入适量的无水乙醇，超声振荡 10min，再用滴管吸取 2 滴悬浮液于载玻片上，自然晾干，喷金后即可观察。

4.3.5 吸附量的测定

取矿样 2g 置于 40mL 挂槽式浮选机中，加入适量超纯水，用 HCl 或 NaOH 溶液调节矿浆 pH 值后，加入一定量的捕收剂，再加入少量超纯水至矿浆总体积为 40mL，测量并记录此时矿浆 pH 值。搅拌 2min 后，将矿浆转移至塑料试管并用盖子密闭，放入高速离心机（6000r/m，20min）进行离心处理。抽出上清液，用总有机碳分析仪（TOC）测出上清液中有机碳的浓度 C。首先测量不同油酸钠浓度的有机碳含量，得出油酸钠浓度和有机碳含量的标准曲线。对于十二胺与油酸钠组合捕收剂体系下油酸钠浓度的测定，先测定溶液中的总有机碳浓度和总有机氮浓度，按照标准曲线中有机氮和十二胺浓度的关系，计算出十二胺的含碳量，总有机碳量减去十二胺的含碳量即为油酸钠中的含碳量。

矿样对捕收剂吸附量的计算公式如式（4-1）所示：

$$\Gamma = \frac{(C_0 - C) \times V}{m \times A} \tag{4-1}$$

式中　Γ——吸附量；mol/m^2；

　　C_0，C——分别为初始浓度和上清液的浓度；

　　　　V——溶液的体积；

　　　　m——矿样的质量；

　　　　A——矿样的比表面积。

4.3.6　X射线光电子能谱分析

X射线光电子能谱（XPS）可根据能谱图中特征谱线的位置鉴定除H、He以外的所有元素及矿物表面化学组成或元素组成，原子价态，表面能态分布；同时可以根据能谱图中光电子峰的面积反应矿物表面原子的含量或相对浓度。称取2g不同粒级的锂辉石矿样，置于真空干燥箱内60℃下进一步脱水烘干，采用美国赛默飞世尔科技公司的ESCALAB 250Xi型X射线光电子能谱仪检测。

4.3.7　荧光光谱分析

荧光探针技术已经在研究表面活性剂胶束和吸附、高分子聚合物-表面活性剂相互作用力、微乳剂等方面广泛应用。芘具有强荧光性质，能在335nm左右处被激发。由芘溶液的荧光光谱图可以发现在波长为373nm、379nm、384nm、390nm和397nm左右处出现5个特征峰，其荧光发射强度分别为I_1、I_2、I_3、I_4、I_5（图4-3）。一般用参数第一发射强度和第三发射强度的比值（I_1/I_3）来表征探针所处环境的微极性。例如在烃类溶剂I_1/I_3值为0.6，在乙醇中为1.1，在纯水中为1.8。本实验利用I_1/I_3比值来反映矿物与捕收剂作用后微极性的变化[3~5]。

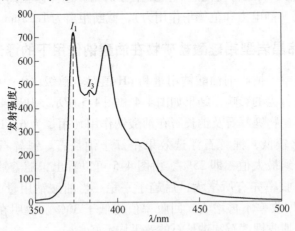

图4-3　芘在水溶液中的荧光光谱

试验方法：在50mL容量瓶中，加入0.1mL 0.01%质量浓度的芘乙醇溶液，再加入一定浓度的捕收剂溶液，再加入与测定吸附量相同量的矿物样品（2g），最后加超纯水稀释至刻度。将容量瓶置于恒温振荡器上振荡 24h，振荡之后摇匀取矿浆混合物装入玻璃比色皿，在美国 Perkin Elmer 公司生产的 LS55 荧光光谱分析仪上测试溶液中芘的荧光光谱，其中荧光扫描的激发波长为 334nm，激发狭缝设置为 10.0nm，发射狭缝设置为 4nm。最后根据芘的荧光光谱数据表计算 I_1/I_3 值，以 I_1/I_3 值对捕收剂浓度绘制曲线。

4.3.8 分子动力学模拟

本章模拟计算所采用的力场为 PCFF_ phyllosilicates 力场，该力场是美国阿克伦大学的 Heinz 教授团队在一致性力场（PCFF）基础上建立的力场，计算出的硅酸盐矿物的表面能、晶体结构等值与实验值吻合度很高，而且适用于有机药剂分子的模拟，近年来被广泛应用于硅酸盐矿物的分子动力学模拟[6~8]。

该力场的势能公式为：

$$E_{total} = E_{bonds} + E_{angles} + E_{non-bond} \tag{4-2}$$

非键部分（$E_{non-bond}$）描述为：

$$E_{non-bond} = \frac{1}{4\pi\varepsilon_0\varepsilon_r}\sum_{i>j}\frac{q_iq_j}{r_{ij}} + \sum_{i>j}E_{ij}\left[2\left(\frac{r_{ij}^0}{r_{ij}}\right)^9 - 3\left(\frac{r_{ij}^0}{r_{ij}}\right)^6\right] \tag{4-3}$$

式中，第一项为静电作用，第二项为范德华力。ε 和 r 分别为两个键合的原子的电位和距离，q 为原子电荷。

分子动力学模拟过程的参数选择如下：正则系综（NVT 系统）下，温度控制为 298K，控温方法 Hoover-Nose thermostat，计算步长为 1fs，动力学模拟时间为 2ns，其中包括平衡运行时间 1ns 作数据分析用。选择修正的 Ewald 加和方法计算非键合作用（静电力和范德华作用力），截断距离为 1.25nm。

4.4 全粒级伟晶岩型铝硅酸盐矿物在油酸钠作用下的浮选行为

首先分别考察了捕收剂油酸钠用量和 pH 值对全粒级（0~0.074mm）锂辉石和钠长石浮选行为的影响，结果如图 4-4 和图 4-5 所示。从图 4-4 中可以看出，无杂质污染的单矿物锂辉石及钠长石在油酸钠作用（用量为 6×10^{-4}mol/L）下，浮选回收率都比较低，锂辉石浮选效果稍好于钠长石。锂辉石浮选回收率在 pH = 8.5 左右达到最大值，即 25%。由图 4-5 可以看出，随着油酸钠用量的增大，矿物浮选回收率先有所增大，后趋于平稳。当油酸钠用量大于 1.0×10^{-3} mol/L 时，矿物回收率不再增大，回收率值均低于 30%。说明在无活化剂条件下，油酸钠浮选捕收锂辉石和钠长石的效果均不好。

实际矿石浮选中，Ca^{2+}、Mg^{2+} 及 Fe^{3+} 等金属离子是浮选矿浆中不可避免的主要金属离子，其对铝硅酸盐矿锂辉石和长石的可浮性有很大影响，将显著活化这两种矿物的浮选。根据刘方等人研究的结果发现[9]，金属离子活化效果差不

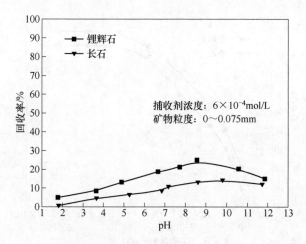

图 4-4　油酸钠为捕收剂时 pH 对锂辉石和钠长石浮选的影响

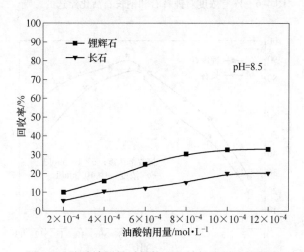

图 4-5　油酸钠用量对锂辉石和钠长石浮选的影响

多，主要是其最佳活化 pH 区间和用量不相同。本章以 Fe^{3+} 为代表，重点考察 Fe^{3+} 对矿物活化浮选的影响。

　　在自然 pH 值为 6.0～7.0，油酸钠浓度为 $6×10^{-4}$ mol/L 的条件下，Fe^{3+} 浓度对锂辉石和长石可浮性影响如图 4-6 所示。由图 4-6 中可以看出，随着 Fe^{3+} 浓度增大，锂辉石和长石的浮选回收率增大显著。在所研究 Fe^{3+} 浓度范围内，锂辉石可浮性优于长石。当 Fe^{3+} 浓度达到 $4×10^{-5}$ mol/L 后，锂辉石和长石的浮选回收率增加不明显。当固定 Fe^{3+} 浓度为 $4×10^{-5}$ mol/L 时，考察不同矿浆 pH 值条件下 Fe^{3+} 对锂辉石和长石浮选的影响，试验结果如图 4-7 所示。可以看出，随着 pH 的增加，矿物浮选回收率均逐渐增大，在 pH 为 7.0～8.0 左右时，回收率均达到最大值。锂辉石浮选回收率超过 90%，而长石的浮选回收率也在 80% 左右。

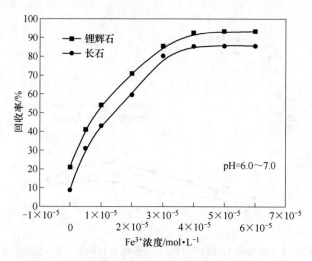

图 4-6　Fe^{3+} 浓度对锂辉石和钠长石活化浮选的影响

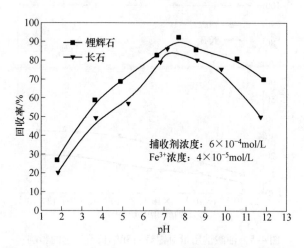

图 4-7　在 Fe^{3+} 活化条件下 pH 对锂辉石和钠长石浮选的影响

　　通过上述浮选实验结果可以发现，全粒级的锂辉石和钠长石在油酸钠浮选体系中难以实现选择性浮选分离。

4.5　不同粒级伟晶岩型铝硅酸盐矿物在油酸钠体系作用下的浮选行为

　　由第 3 章研究结果可知伟晶岩型铝硅酸盐矿物晶体表面性质具有各向异性。当矿物颗粒在碎磨过程中粒度逐渐减小时，其物理形状对颗粒表面特性的影响越来越重要[10]。对于不同粒度的矿物颗粒，决定其表面性质的暴露面种类和数量不同。因此，矿物晶体表面性质的各向异性一般取决于矿物颗粒的粒度，这样不同粒级矿物的浮选行为不一样。所以本小节重点讨论粒度对伟晶岩型铝硅酸盐矿物浮选的影响。

4.5.1　不同粒级锂辉石的浮选行为

图 4-8 所示是油酸钠（NaOL）浓度为 6×10^{-4} mol/L 时，没有添加活化剂 Fe^{3+}，不同粒级锂辉石浮选行为与 pH 值的关系曲线。整体上看，不同粒级的锂辉石浮选回收率都不高，均小于 35%。4 个分段粒级的锂辉石浮选随 pH 变化的规律一致：当 pH 增大时锂辉石浮选回收率都是先增大而后减小，即当 pH < 8.5 时，浮选回收率随 pH 增大而增加；当 pH = 8.5 时，浮选回收率达到最大值；当 pH > 8.5，浮选回收率随 pH 增大而下降。因此，可确定锂辉石的浮选最佳 pH 值为 8.5。

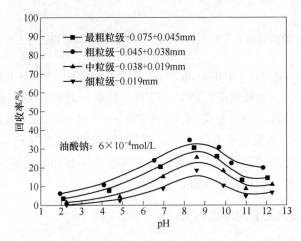

图 4-8　在油酸钠作用下 pH 值对不同粒级锂辉石浮选的影响

对于粒度对矿物浮选的影响，由图 4-8 可以看出，随着锂辉石的浮选粒度减小，其浮选回收率降低。即在一定粒度范围内，粒度比较粗的锂辉石的浮选回收率较好，但更粗粒级（-0.075 +0.045mm）锂辉石的浮选效果不如粒度（-0.045 +0.038mm）的锂辉石的浮选效果。考虑到没有添加活化剂，锂辉石浮选回收率都比较低，实验误差可能比较大。为了进一步更好地说明此浮选规律的普遍性，我们研究了添加活化剂 Fe^{3+} 情况下，不同粒级锂辉石的浮选回收率随 pH 变化规律，如图 4-9 所示。

由图 4-9 可看出，浮选规律基本与没有添加活化剂的图 4-8 的规律曲线一致，即在 -0.075 +0.038mm 粗粒级阶段，锂辉石浮选效果好，随着粒度减小，浮选回收率下降，粒度越小，浮选回收率越小。例如，在粗粒级 -0.038 +0.045mm 粒级范围内，锂辉石最高浮选回收率为 90% 左右；在细粒级 -0.019mm 粒级范围内，锂辉石最高浮选回收率只为 60% 左右。具体的不同粒级锂辉石浮选回收

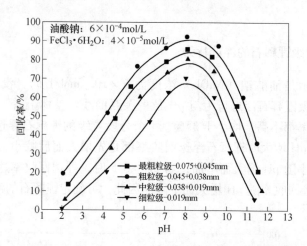

图 4-9 在油酸钠和活化剂 Fe^{3+} 作用下，pH 值对不同粒级锂辉石浮选的影响

率大小顺序为：$-0.045+0.038$mm > $-0.075+0.045$mm > $-0.038+0.019$mm > -0.019mm。对于一般氧化矿，例如石英和赤铁矿，其矿物晶体表面的各向异性不显著。在合适的浮选粒度范围内（$-0.075+0.019$mm），矿物浮选回收率随着粒度变化浮选回收率变化不明显[11,12]。不同粒级锂辉石浮选行为的差异性可能与锂辉石和药剂作用的各向异性有关，即锂辉石不同晶面与油酸钠吸附强度不一样，在后面几小节我们将详细阐述。

4.5.2 不同粒级钠长石的浮选行为

由于天然无污染的纯钠长石矿物在无活化剂条件下浮选回收率很低，几乎都小于 10%，考虑实验误差 ±5%，探索不同粒级钠长石的浮选规律性意义不大。所以对于钠长石我们只在添加活化剂的条件下进行不同粒级钠长石的浮选实验。实验结果如图 4-10 所示。

由图 4-10 可以看出，粒度对钠长石浮选行为的影响也比较明显，4 个粒级中，粗粒级（$-0.045+0.038$mm）的钠长石浮选回收率最低，最粗粒级（$-0.075+0.045$mm）钠长石的回收率高于粗粒级（$-0.045+0.038$mm）的钠长石浮选回收率；但这两个粗粒级钠长石的回收率均小于细粒级钠长石的回收率，而且最细粒级（-0.019mm）的钠长石浮选回收率最好。不同粒级钠长石浮选回收率大小顺序为：-0.019mm > $-0.038+0.019$mm > $-0.075+0.045$mm > $-0.045+0.038$mm。可见，粒度对钠长石浮选行为的影响与锂辉石刚好相反，即粗粒级的锂辉石浮选效果好，而细粒级的钠长石浮选效果好。这两种矿物浮选行为的差异性可以为选择性磨矿—强化浮选分离提供思路。在磨矿过程中，应该尽量减少细粒级的产生，通过控制矿物的粒级分布来实现浮选分离。在浮选过程

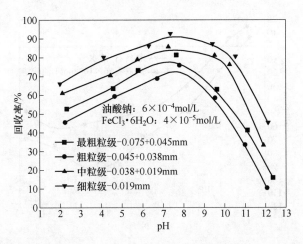

图 4-10 在油酸钠和活化剂 Fe^{3+} 作用下 pH 值对不同粒级钠长石浮选回收率的影响

中，应该尽量在粗粒级条件下进行浮选分离。即在磨浮过程中应该尽量采用阶段磨矿阶段选别作业，先粗磨粗选，在达到单体解理的情况下尽量保证先在粗粒级条件进行矿物浮选分离。接下来将重点从矿物晶体表面的各向异性角度来认识不同粒级伟晶岩型铝硅酸盐矿物浮选行为的差异性。

4.6 油酸钠在伟晶岩型铝硅酸盐矿物表面的吸附机理研究

由浮选双电层理论可知，一些矿物之间的分离基于它们表面电位的差异。通常，带负电的矿物表面可通过静电吸附阳离子捕收剂，而带正电的矿物表面可通过静电吸附阴离子捕收剂。对于通过静电作用吸附的捕收剂，药剂吸附于矿物表面的斯特恩层，通过疏水碳链缔合形成半胶束，才能保证较快的矿物浮选速率。对于通过化学作用吸附的捕收剂，静电作用同样重要，因为很强的静电排斥力可能影响甚至阻碍化学吸附进程，给矿物的浮选回收带来不利影响[13]。

红外光谱可利用不同结构的基团对红外光进行选择性吸收，红外光的频率与基团的振动频率相同时，产生共振，在光谱上反映为不同的特征峰。利用特征峰可以分析出有机化合物不同的官能团的有关信息，从而分析物质的结构。将其用于矿物加工领域，可以分析鉴定矿物与药剂分子作用后的产物[14]。因此，研究矿物与捕收剂作用前后的电位变化和红外光谱特征峰变化，对探讨捕收剂的吸附机理具有重要意义。

4.6.1 动电位研究

图 4-11 和图 4-12 分别是锂辉石和钠长石表面动电位在纯水和浓度为 $6 \times 10^{-4} mol/L$ 捕收剂油酸钠中随 pH 值变化的关系图。

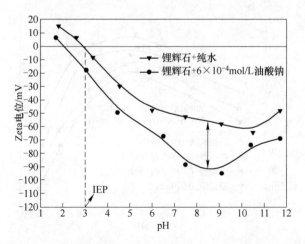

图 4-11   在纯水和油酸钠捕收剂溶液中锂辉石的 Zeta 电位与 pH 值的关系

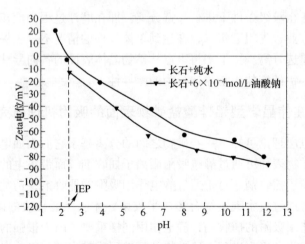

图 4-12   在纯水和油酸钠捕收剂溶液中钠长石的 Zeta 电位与 pH 值的关系

由图 4-11 可以看出，测得的锂辉石零电点（*PZC*）为 pH = 3.0 左右。有文献报道锂辉石的零电点为 2.3 左右[15]，这可能与不同产地的锂辉石差异性有关。加入 6×10^{-4} mol/L 油酸钠之后，锂辉石的 *PZC* 向酸性 pH 偏移，Zeta 电位曲线整体向下移动，说明带负电的油酸根离子在锂辉石表面发生了吸附，使锂辉石表面电位降低。当 pH > *PZC*（3.0）时，锂辉石表面荷负电，而阴离子捕收剂油酸钠依然改变了锂辉石表面 Zeta 电位，使其负电位增加，这说明两者之间发生非静电作用力，可能为氢键或化学吸附作用。明显可以看出锂辉石表面 Zeta 电位发生最显著的负向移动是在 pH 值为 8.5 左右，说明此时油酸钠的吸附作用最大，正好与浮选回收率在 pH = 8.5 达到最大的结果相吻合。

从图 4-12 可以看出，钠长石在纯水中零电点 *PZC* 为 pH = 2.3 左右，当 pH <

2.3 时，钠长石表面荷正电；在 pH > 2.3 时，钠长石表面荷负电。与油酸钠作用后 Zeta 电位发生变化，钠长石的 Zeta 电位整体上向负值方向移动，其零电点 *PZC* 变为 2.0 左右。同锂辉石一样，当 pH > 2.3 时，油酸钠在钠长石表面可能形成氢键的作用或是化学吸附作用，使油酸钠吸附在荷负的钠长石表面。

图 4-13 所示为锂辉石和钠长石分别与油酸钠作用后的 Zeta 电位与纯水中的 Zeta 电位的差值，即 Δζ 电位与 pH 值的关系图。由图 4-13 可以看出，在所测 pH 范围内，锂辉石的 Δζ 电位都大于钠长石的 Δζ 电位，尤其在 pH = 7.0 ~ 9.0 范围内，差值更加明显。表明油酸钠对锂辉石的捕收能力大于对钠长石的捕收能力。

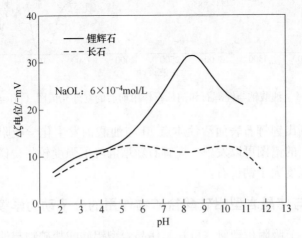

图 4-13　与捕收剂油酸钠作用后矿物 Δζ 电位与 pH 值的关系

4.6.2　红外光谱分析

为了进一步探讨油酸钠在铝硅酸盐矿物表面的吸附作用，对油酸钠在矿物表面吸附产物进行了红外光谱检测，分析结果如图 4-14 所示。

从红外图谱可以看出：锂辉石与油酸钠作用后除见有锂辉石本身存在的谱峰外，在 2922cm^{-1}、2854cm^{-1}、1585cm^{-1}、1465cm^{-1} 处分别出现了新峰，这些谱峰对应—CH$_3$（或—CH$_2$—）的不对称伸缩振动吸收峰、—CH$_2$—的对称伸缩振动吸收峰、—C＝O—基的伸展振动吸收峰、—CH$_2$—的弯曲振动吸收峰，且位置发生了一定程度的偏移，说明油酸钠在锂辉石表面发生了明显的吸附[16]。在长石与油酸钠作用后的光谱中，只在 2925cm^{-1} 和 2850cm^{-1} 处出现—CH$_2$ 的不对称伸缩振动和对称伸缩振动吸收峰，说明油酸钠在长石的表面有微弱的吸附。Moon 等[15]也研究了锂辉石与油酸钠红外光谱体系，发现化学吸附形成的油酸铝的—COO—不对称伸缩振动峰在 1585cm^{-1} 处，与此体系一致，结合 Zeta 电位测

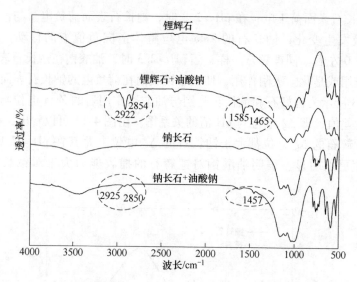

图4-14 油酸钠与锂辉石和钠长石作用前后的红外光谱图 （pH = 8.5）

试结果可以推断出锂辉石表面活性质点 Al 与油酸钠发生化学吸附作用。比较长石与油酸钠作用的谱图可以发现，锂辉石新增的峰值强度较强，说明油酸钠与锂辉石化学作用强度大于钠长石。

4.7 油酸钠与伟晶岩型铝硅酸盐矿物作用的分子动力学模拟

通过上一小节吸附机理研究可知，伟晶岩型铝硅酸盐矿物与油酸钠化学吸附作用主要依靠表面 Al 活性质点。而由矿物表面各向异性研究表明，伟晶岩型铝硅酸盐矿物不同暴露面表面活性质点 Al 的密度以及其空间方位分布特征不同，从而导致油酸钠与伟晶岩型铝硅酸盐矿物不同暴露面作用差异性，即各向异性。下面采用分子动力学模拟方法研究酸钠与伟晶岩型铝硅酸盐矿物表面作用的各向异性。

4.7.1 铝硅酸盐矿物晶体及药剂分子建模及优化

首先采用基于密度泛函理论的 CASTEP 模块对锂辉石和钠长石晶体结构几何优化赋予电荷，优化后锂辉石和钠长石晶体结构中原子荷电情况分别如表4-6 和表4-7 所示。再采用 PCFF-Phyllosilicate 力场对锂辉石和钠长石晶体结构进行优化。在 NVT 系统下，温度为 298K，以 1.0fs 为步长，体系的截断为 1.25nm，运行 500ps，其他参数选择默认设置。表4-8 为锂辉石和钠长石晶体结构优化的结果和实验值对比。由表4-8 可见，PCFF-Phyllosilicate 力场优化的锂辉石和钠长石晶胞参数与实验值非常接近，这说明该力场能够较好地优化晶格参数和原子坐标，具有较高的可靠性。

表 4-6 优化后锂辉石晶体结构中原子荷电情况

原 子	电荷（e）
Li	+1.11
Si	+2.12
Al	+1.67
O_1 Apical	-1.14
O_2 Non-bridging basal	-1.19
O_3 Bridging basal	-1.18

表 4-7 优化后钠长石晶体结构中原子荷电情况

原 子	电荷（e）
Na	+1.14
Si_1	+2.18
Si_2	+2.14
Si_3	+2.09
Al	+1.81
O_1	-1.18
O_2	-1.17
O_3	-1.15

表 4-8 锂辉石和钠长石晶胞 PCFF-Phyllosilicate 力场优化结果与实验值的比较

矿物	晶 格 参 数	
	PCFF-Phyllosilicate 力场	实验值
锂辉石	$\beta = 10.8797$ $a = 0.9518\text{nm}$，$b = 0.8214\text{nm}$，$c = 0.5479\text{nm}$	$\beta = 110.167$ $a = 0.9468\text{nm}$，$b = 0.8412\text{nm}$，$c = 0.5224\text{nm}$
钠长石	$a = 0.8295\text{nm}$，$b = 1.2913\text{nm}$，$c = 0.7245\text{nm}$ $\alpha = 94°28'$，$\beta = 116°41'$，$\gamma = 87°41'$	$a = 0.8135\text{nm}$，$b = 1.2788\text{nm}$，$c = 0.7154\text{nm}$ $\alpha = 94°13'$，$\beta = 116°31'$，$\gamma = 87°42'$

再采用 Materials Studio 软件的 DMol3 模块对药剂分子进行量子化学计算，并赋予电荷。优化后的药剂分子结构及电荷分布情况如图 4-15 所示。

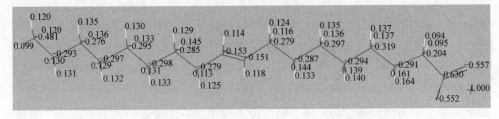

图 4-15 油酸钠的平衡结构及电荷分布情况

（黑色代表氧原子；浅灰色代表碳原子；白色代表氢原子；深灰色代表钠原子）

4.7.2　矿物表面-浮选剂相互作用的吸附能

矿物/浮选剂相互作用能的计算基于 PCFF-Phyllosilicate 力场，在 Materials Studio 6.0 软件中 Forcite 模块下进行。先对锂辉石和钠长石晶胞及浮选药剂分子（油酸钠）进行结构建模及 PCFF-Phyllosilicate 优化，再将优化后的表面晶胞扩展成约 2nm×2nm 的周期性超晶胞。为了保证沿 Z 方向上表面离子层间不相互作用，表面晶胞上方加一个厚度为 8nm 的真空层。在模拟过程中，矿物表面是固定的，药剂和水分子可以自由移动。考虑到药剂官能团与表面 Al 活性质点的可能作用方式，借助分子制图工具在 MS Visualizer 操作界面上构建矿物表面-药剂络合物的初始几何作用模型，然后借助 Forcite 模块中的几何结构优化（Geometry Optimization）选项让药剂分子在矿物表面上完全弛豫。这种方法得到的构型只是其中一种矿物表面-浮选剂的吸附模式，为了确定找到的矿物-浮选剂作用的最低能量模型为总体最低能量构型，而非局部最低能量构型，本研究对 10 种左右的初始构型进行了优化，最后确定浮选剂在矿物表面的总体能量最低构型，并计算作用能，相互作用能 ΔE 由方程（4-4）计算：

$$\Delta E = E_{\text{complex}} - (E_{\text{surface}} + E_{\text{adsorbate}}) \tag{4-4}$$

式中　E_{complex}，E_{surface}，$E_{\text{adsorbate}}$——分别为经分子动力学模拟之后矿物表面-浮选剂络合物、矿物表面晶胞和浮选剂分子的总能量[17]。

需要指出的是，相互作用能 ΔE 的值越负，表示矿物表面和浮选剂之间的相互作用越强，浮选剂越容易在该表面吸附；ΔE 为 0 或正值，吸附较难发生。

力场法是最适合模拟大体系的，如本书研究的矿物-浮选剂体系。目前可以利用的比较普通的力场主要有 UFF、COMPASS 和 DREIDING。而针对黏土矿物也有些特殊力场（如 PCFF-Phyllosilicate）。在本书中使用的 PCFF-Phyllosilicate 力场对研究体系可能不是最精确的，但基本上可以满足矿物-浮选剂相互作用能的计算。

分子力学模拟中一个典型的用于描述包含 N 个原子体系的势能函数为：

$$V(r_1, r_2, \cdots, r_n) = \sum_{\text{bonds}} \frac{1}{2} K_r (r - r_{\text{eq}})^2 + \sum_{\text{angle}} \frac{1}{2} K_\theta (\theta - \theta_{\text{eq}})^2 +$$

$$\sum_{\text{dihedrals}} \frac{1}{2} K_\psi [1 + \cos(n\psi - \delta)] +$$

$$\sum_{\text{pairs}(i,j)} \left(\frac{A_{ij}}{r_{ij}^{12}} - \frac{B_{ij}}{r_{ij}^6} + \frac{q_i q_j}{s r_{ij}} \right) (i < j)$$

其中，第一项为键的伸缩振动项，第二项为键角的弯曲振动项，第三项为二面角的扭曲振动项，这三项统称为价键作用项；第四项为非键作用项，前一部分为范德华作用，后一部分为静电作用。K_r、K_θ、K_ψ、A_{ij}、B_{ij} 为力场参数。力场参数可以通过高水平的量子计算得到或通过实验得到。不同力场的区别通常在于势能函数的不同以及由不同拟合体系和方法得到的不同的力场参数。本书计算的是相互作用能 $\Delta E = E_{complex} - (E_{surface} + E_{adsorbate})$，由于不包含熵，故 E 仅仅表示矿物表面与药剂的相互作用强度，而不等于热力学吸附能。这样的话，E 取决于模拟中所采用的力场参数[2]。所以只需模拟的对象都采用同一种力场，本研究采用 PCFF-Phyllosilicate 力场，用于衡量矿物-浮选剂相互作用能的 ΔE 是相对准确的，可满足研究要求。采用 PCFF-Phyllosilicate 力场分子动力学模拟可计算出锂辉石和钠长石主要暴露面与油酸钠相互作用能，结果分别如图 4-16 和图 4-17 所示。

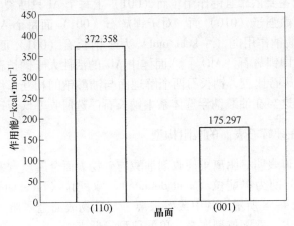

图 4-16　油酸钠与锂辉石常见暴露面的作用能比较

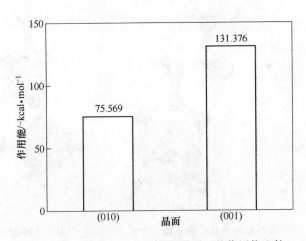

图 4-17　油酸钠与钠长石常见暴露面的作用能比较

由图 4-16 可知，油酸钠与锂辉石常见暴露面的作用能（-kcal/mol）大小顺序为：（110）>（001）。油酸钠被常见暴露面吸附后，在（110）暴露面上作用能负值越大，越容易在（110）面上形成稳定的吸附，即吸附强度大小顺序为：

（110）＞（001），此模拟结果与 Rai 等人[2] 模拟结果具有一致性。也与上面锂辉石 Al—O 断裂键各向异性分析结果（（110）晶面上单位晶面 Al—O 键的断裂键数大于（001）；（110）面上 Al 断裂 2 个 Al—O，而（001）面上 Al 仅断裂 1 个 Al—O）相吻合。

由图 4-17 可知，油酸钠与钠长石常见暴露面的作用能（－kcal/mol）大小顺序为：（001）＞（010）。由此可推知，油酸钠与钠长石不同暴露面上发生吸附的强度顺序也为（001）＞（010），与钠长石 Al—O 断裂键各向异性的结果相一致。即由于在（010）暴露面上没有断裂 Al—O，没有与油酸钠发生化学吸附的活性位点，可能主要依靠氢键作用。而（001）上每个 Al 只断裂 1 个 Al—O，吸附油酸钠能力稍微强于（010）面。对于锂辉石（001）面每个 Al 也只断裂 1 个 Al—O，其与油酸钠作用能（－kcal/mol）大于钠长石（001）面，这可能与 Al 质点特性有关，即锂辉石 $[AlO_6]$ 八面体中 Al_{VI} 的活性大于钠长石 $[AlO_4]$ 四面体中 Al_{IV}。与锂辉石比较，钠长石两个解理面与油酸钠的相互作用能都低于锂辉石两个暴露面，这与在油酸钠浮选体系中钠长石浮选回收率低于锂辉石相一致。

4.7.3 油酸钠在锂辉石表面的吸附构型

大量文献报道表明，阴离子捕收剂油酸与矿物表面金属质点发生化学吸附有 3 种作用方式，分别为单配位（monodentate）、双配位（bidentate）和桥环配位（bridged），如图 4-18 所示。其中羧酸根离子与矿物表面金属质点形成桥环配位型的吸附强度最大，双配位型次之，单配位型最低[18]。

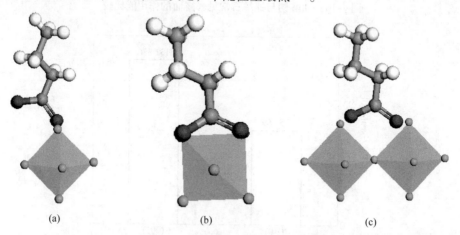

（a）   （b）   （c）

图 4-18 油酸羧酸根离子在矿物表面与金属离子质点作用的 3 种构型示意图
（a）单配位型；（b）双配位型；（c）桥环配位

油酸钠在锂辉石常见暴露面（110）和（001）面经几何优化的能量最低构型（初态）和经分子动力学（MD）模拟得到的最稳定吸附构型（末态），分别如图 4-19 和图 4-20 所示（吸附稳定构型示意图中原子间的距离单位皆为 Å（1Å ＝

0.1nm))。基于前面关于锂辉石（110）面断裂键分析结果可知，在锂辉石（110）面上，由于每个 Al 原子断裂 2 个 Al—O，即刚好有 2 个 +1/2 静电价的未饱和键，这样（110）面每个 Al 上刚好是 -1 价油酸根理想的吸附位点。这样油酸根羧酸基上的 2 个 O 与（110）面上 1 个 Al 以双配位型形式发生化学吸附作用。由图 4-19 可以看出，MD 优化后最稳定的吸附构型中，油酸钠羧酸基中 2 个 O 与 Al 原子质点之间的作用距离分别为 0.1919nm 和 0.1926nm。MD 模拟后，油酸钠分子结构中非极性基碳链向矿物表面方向发生弯曲，这可能是由于碳链键疏水缔合作用。同时，油酸钠与矿物表面的作用距离有所增加，这可能主要是由于油酸离子长碳链的空间位阻效应所致[19]。

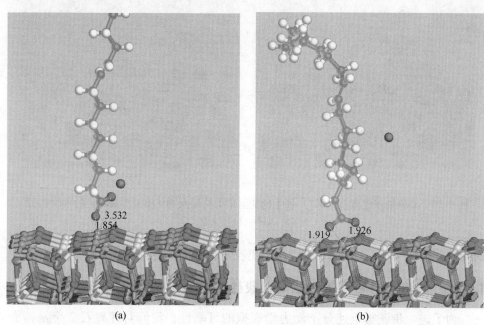

图 4-19　油酸钠在锂辉石（110）面上的能量最低构型及 MD 模拟后最稳定的吸附构型

(a) 初态；(b) 末态

锂辉石（001）面，单位晶胞面积上 1 个 Al 质点仅断裂 1 个 Al—O 键，其静电价为 +1/2，不能满足 -1 价羧酸根离子的吸附，因此单个油酸与该表面 Al 质点键合可能要占据 2 个 Al 质点。但通过 MS 测量发现，（001）面上两相邻 Al 质点距离 $d_{Al—Al}$ 为 0.632nm，而油酸钠的羧酸基团中 2 个氧距离 $d_{O—O}$ 为 0.220nm，且由于两相邻 Al 质点间其他原子会产生空间阻碍作用及表面 O 离子的静电排斥作用，油酸钠羧酸根离子只能与其中 1 个 Al 质点发生单配位型作用方式，如图 4-20 所示。

结合上述相互作用能结果，采用 MD 模拟手段验证了油酸钠在锂辉石（110）

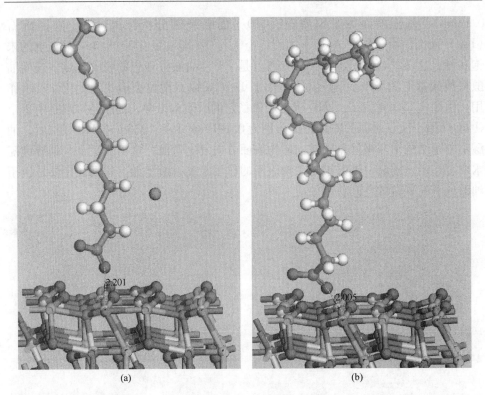

图 4-20 油酸钠在锂辉石 (001) 面上的能量最低构型及 MD 模拟后最稳定的吸附构型

(a) 初态; (b) 末态

面的双配位比 (001) 面的单配位构型更稳定, 吸附能更大, 化学作用更强。

4.8 油酸钠作用后伟晶岩型铝硅酸盐矿物表面润湿性的各向异性

为了进一步证实上述分子动力学模拟的可靠性, 我们对锂辉石 2 个暴露面 (110) 面和 (001) 面在油酸钠溶液作用后润湿性变化情况进行了测定。将制备好的锂辉石暴露面 (110) 面和 (001) 面块矿样品浸没在浓度为 6×10^{-4} mol/L 的油酸钠溶液中, 添加 HCl 或是 NaOH 调节溶液 pH 值。块矿样品在不同 pH 值溶液中充分浸泡, 浸泡时间 1h, 然后取出真空干燥, 进行接触角测试。锂辉石 (110) 和 (001) 暴露面在纯水及油酸钠溶液中接触角随 pH 值的变化规律如图 4-21 所示。

由图 4-21 可知, 锂辉石 2 个暴露面与油酸钠作用后, 在所测 pH 范围内, 接触角都增大了, 即表面的疏水性增强了。同时, 随 pH 增大, 接触角都先增大, 后减小, 在 pH = 8.5 左右时达到最大, 与锂辉石浮选结果一致。比较 (110) 面和 (001) 面可以发现, (001) 面的接触角明显小于小于 (110) 面上的接触角, 这也说明 (110) 面比 (001) 面更容易吸附油酸钠, 与 MD 模拟计算结果一致。

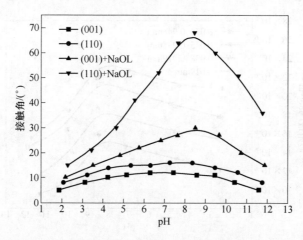

图 4-21 锂辉石常见暴露面在纯水及油酸钠溶液中接触角随 pH 值的变化规律

4.9 油酸钠在不同粒级伟晶岩型铝硅酸盐矿物表面的吸附行为

为了解释不同粒级矿物浮选行为差异，我们对油酸钠在不同粒级矿物表面的吸附量进行了测量。油酸钠溶液初始浓度为 6×10^{-4} mol/L，采用总有机碳分析仪（TOC）测出油酸钠溶液与不同粒级锂辉石和钠长石作用前后的有机碳浓度，根据有机碳浓度推算出油酸钠在不同粒级锂辉石和钠长石表面上的吸附量。

图 4-22 所示是溶液 pH 值对油酸钠在不同粒级锂辉石表面吸附的影响。由图 4-22 可以看出，在不同 pH 值条件下，油酸钠在 $-0.075 + 0.045$mm、$-0.045 + 0.038$mm、$-0.038 + 0.019$mm、-0.019mm 四个粒级锂辉石表面的吸附量变化情况相同：随溶液 pH 值的升高，油酸钠的吸附量先逐渐增加，在 pH = 8.5 左右时达到最大值；之后 pH 值进一步升高，吸附量逐渐下降。这与浮选结果的规律、动电位测试以及接触角测量结果相一致。同时，也可看出粒度对油酸钠在锂辉石表面的吸附影响比较大。油酸钠在粒级为 $-0.045 + 0.038$mm 锂辉石表面的吸附量最大，随后随着粒度减小吸附量逐渐减低，油酸钠在粒级为 $-0.075 + 0.045$mm 锂辉石表面的吸附量也低于在粒级为 $-0.045 + 0.038$mm 锂辉石表面的吸附量。即不同粒级锂辉石表面油酸钠吸附量大小为：$-0.045 + 0.038$mm > $-0.075 + 0.045$mm > $-0.038 + 0.019$mm > -0.019mm。与不同粒级锂辉石的浮选结果一致。吸附量越大，浮选效果越好。可见，吸附量随矿物粒级的变化规律与浮选规律一致，在矿物粗粒级（$-0.075 + 0.038$mm）时，吸附量相对比较大。这说明锂辉石粒度发生变化，其表面可以与油酸钠发生化学吸附的 Al 活性位点也发生变化。分析粒度的改变致使矿物表面化学活性质点改变的原因可能是由于不同粒级矿物表面暴露的晶面不一样。

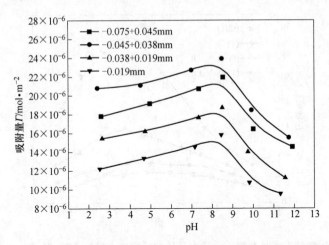

图 4-22　溶液 pH 值对油酸钠在不同粒级锂辉石表面吸附的影响

溶液 pH 值对油酸钠在不同粒级钠长石表面吸附量的影响如图 4-23 所示。由图 4-23 可看出，油酸钠在 4 个粒级的钠长石表面吸附量随 pH 值变化规律基本相同，随溶液 pH 值的升高吸附量增加，当 pH >9.5 左右时，吸附量开始下降。这与钠长石浮选试验结果相一致。

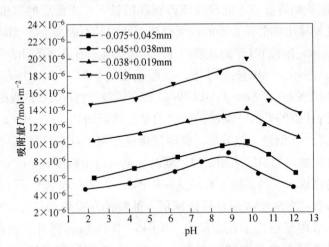

图 4-23　溶液 pH 值对油酸钠在不同粒级钠长石表面吸附的影响

同时可以发现粒度对油酸钠在钠长石表面的吸附量影响也比较明显。具体粒度对油酸钠在钠长石表面吸附的影响为：随着钠长石最粗粒级（ - 0.075 + 0.045mm）减小到粗粒级（ - 0.045 + 0.038mm），吸附量有一定程度的减小；但随着粒度进一步减小，吸附量反而逐渐增加了，最细粒级（ - 0.019mm）的钠长石表面吸附量最大。不同粒级钠长石表面油酸钠吸附量大小为： - 0.019mm >

−0.038 +0.019mm > − 0.075 + 0.045mm > − 0.045 + 0.038mm。吸附量越大，浮选效果越好，所以吸附量大小顺序也与不同粒级钠长石的浮选结果相一致，而与不同粒级锂辉石吸附量刚好相反。这也与钠长石晶体结构的各向异性特性有关。下面我们将从矿物晶体结构的各向异性特性角度分析不同粒级锂辉石和钠长石浮选行为与吸附行为的差异性。

4.10　不同粒级矿物浮选行为差异性的机理

4.10.1　不同粒级矿物解理面性质与其浮选行为差异性

根据上面对油酸钠与锂辉石和钠长石的不同暴露面作用的各向异性研究（分子动力学模拟、润湿性测试以及吸附量测定）结果可以推断出下面的结论来解释不同粒级矿物浮选行为差异性。

如前述"不同粒级锂辉石浮选回收率大小顺序为：− 0.045 + 0.038mm > − 0.075 + 0.045mm > − 0.038 + 0.019mm > − 0.019mm"。对于不同粒度的矿物颗粒，决定其表面性质的暴露面种类和数量会不同。锂辉石晶体形态通常呈柱状晶体，柱面常具纵纹，如图 4-24 扫描电镜图（SEM）所示。同时，根据上面讨论可知，锂辉石晶体表面具有各向异性，主要表面性质由解理面（110）面以及暴露面底面（001）面决定。所以对于柱状型的锂辉石颗粒，其粒度发生变化时，端面（110）和底面（001）的相对数量和面积都发生变化，如图 4-25 所示。由示意图 4-25 可知，当粗粒级的锂辉石颗粒发生碎磨作用时，粒度刚开始变小时（称为中粒级），由于（110）面表面能低，断裂键密度小，容易解理，而（001）面表面能相对大些，不容易解理，则新解理出的端面（110）面所增加数量和面积都大于底面（001）面。根据前面分析可知，油酸钠在（110）面上的化学吸

图 4-24　锂辉石矿物的 SEM 图像

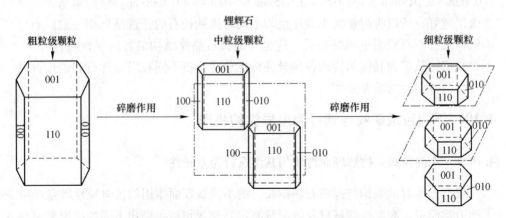

图 4-25　柱状型锂辉石粒度减小后不同晶面/暴露面数量变化的示意图

附大于在（001）面上的化学吸附。所以，中粒级的锂辉石比粗粒级有更多的（110）面吸附更多的油酸钠，进而中粒级的锂辉石（ - 0.045 + 0.038mm）浮选效果更好。但当矿物颗粒再进行碎磨时，粒度进一步减小，矿物颗粒将沿具有更强化学键的底面（001）断裂，（001）面占的比例会逐渐增多，则底面（001）决定矿物表面性质的作用越来越大。由图 4-25 可知，此时，对于细颗粒的锂辉石，底面（001）面的相对数量和面积都大于端面（110）面。而（001）面化学吸附油酸钠的能力不及（110）面，所以细粒级（ - 0.038 + 0.019mm 和 - 0.019mm）锂辉石吸附的油酸钠更少，进而浮选效果不好。这与吸附量测试及浮选结果相一致，在一定程度上合理解释了不同粒级锂辉石浮选行为的差异性。

　　而对于"不同粒级钠长石浮选回收率大小顺序为： - 0.019mm > - 0.038 + 0.019mm > - 0.075 + 0.045mm > - 0.045 + 0.038mm"，也可以进行类似讨论和解释。

　　钠长石晶体形态通常呈板状，如图 4-26 扫描电镜图（SEM）所示。钠长石晶体表面也具有各向异性，主要表面性质由解理面（010）面以及（001）面决定。同样对于板状型的钠长石颗粒，其粒度发生变化时，端面（010）和底面（001）的相对数量和面积也会发生变化，如图 4-27 所示。由示意图 4-27 可知，当粗粒级的钠长石颗粒在碎磨作用下粒度刚开始变小时，由于（010）面表面能更低，断裂键密度更小，更容易解理，故新解理出的端面（010）面所增加数量和面积会大于底面（001）面。根据前面钠长石的断裂键各向异性分析可知，钠长石的（010）面上不断裂 Al—O，没有与油酸钠发生化学吸附的活性质点；而（001）面上断裂每个 Al 质点要断裂 1 个 Al—O，则在（001）面吸附油酸钠的能力大于在（010）面。所以，中粒级的钠长石比粗粒级有更多的（010）面，吸附

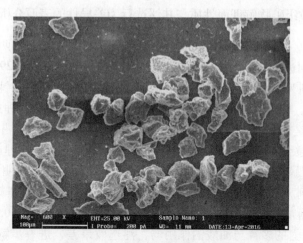

图 4-26 钠长石矿物的 SEM 图像

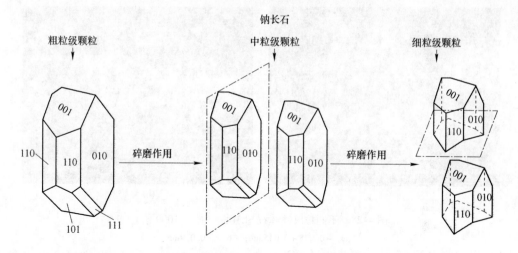

图 4-27 板状型钠长石粒度减小后不同晶面/暴露面数量变化的示意图

的油酸钠更少，进而中粒级的钠长石（-0.045+0.038mm）浮选效果更差。但当矿物颗粒进一步碎磨，粒度进一步减小时，矿物颗粒将主要沿底面（001）断裂，即（001）面占的比例会逐渐增多，底面（001）面在决定钠长石表面性质的作用越来越大。由图 4-27 可知，此时，对于细颗粒的钠长石，底面（001）面的相对数量和面积都大于端面（010）面。而（001）面化学吸附油酸钠的能力强于（010）面，所以细粒级（-0.038+0.019mm 和 -0.019mm）钠长石吸附的油酸钠更多，进而浮选效果较好。这与吸附量测试及浮选结果相一致，在一定程度上合理解释了不同粒级钠长石浮选行为的差异性。

4.10.2　不同粒级矿物解理面性质与其浮选行为差异性的表面分析

对粗粒级（-0.075 +0.045mm）和细粒级（-0.019mm）两种粒级的锂辉石和钠长石分别进行扫描电镜分析，结果分别见图4-28和图4-29。其中图4-28（a）、（b）分别为 -0.075 +0.045mm 粒级和 -0.019mm 粒级的锂辉石矿物。对比图4-28（a）、（b）两图，发现 -0.075 +0.045mm 粗粒级的锂辉石呈长柱状，主要的解理面是端面（110）面，（110）面数量相对多，所占的比例大；而 -0.019mm 细粒级的锂辉石矿物表面形貌发生了明显的变化，锂辉石呈短柱状，底面（001）面暴露了很多，比起粗粒级底面（001）面增加很明显，（001）面逐渐占主要比例。因此，长柱状粗粒级 -0.075 +0.045mm 的锂辉石（110）面暴露的多，吸附油酸钠能力强，浮选效果好；而短柱状细粒级 -0.019mm 的锂辉石（001）面暴露的多，与油酸钠作用弱，浮选效果差，进一步解释了不同粒级锂辉石浮选行为的差异性。

（a）　　　　　　　　　　　　　　（b）

图 4-28　不同粒级锂辉石 SEM 图（放大 1000 倍）

（a）-0.075 +0.045mm；（b）-0.019mm

图4-29（a）、（b）分别为 -0.075 +0.045mm 粒级和 -0.019mm 粒级的钠长石矿物。对比图4-29（a）、（b）两图，发现 -0.075 +0.045mm 粗粒级的钠长石呈大厚板状，主要的解理面和暴露面是端面（010）面，（010）面数量相对多，所占的比例大；而 -0.019mm 细粒级的钠长石矿物表面形貌发生了明显的变化，钠长石开始呈小粒状，似短柱状，底面（001）暴露了很多，比起粗粒级底面（001）面增加很明显，（001）面逐渐占主要比例。因此，大厚板状粗粒级 -0.075 +0.045mm 的钠长石（010）面暴露的多，吸附油酸钠能力弱，浮选效果不好；而小粒状（似短柱状）的细粒级 -0.019mm 的钠长石（001）面暴露的多，与油酸钠作用相对强些，浮选效果变好，与上面不同粒级钠长石浮选行为差异性的解释相一致。

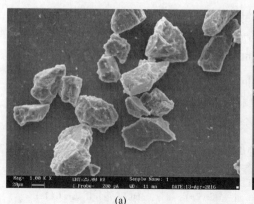

图 4-29 不同粒级钠长石 SEM 图 （放大 1000 倍）

(a) −0.075+0.045mm；(b) −0.019mm

为了更好地定量分析不同粒级伟晶岩型铝硅酸盐矿物表面暴露的 Al 活性质点不一样，采用 X 射线光电子能谱（XPS）对不同粒级的锂辉石表面原子丰度进行了分析。不同粒级锂辉石单矿物 XPS 图谱如图 4-30 所示。由图 4-30 可以看出，图谱中主要的波峰为位于 56eV 左右的 Li(1s) 谱、102eV 左右的 Si(2p) 谱、74eV 左右的 Al(2p) 谱、285eV 左右的 C(1s) 谱和 531eV 左右的 O(1s) 谱。每种粒级锂辉石的谱图均发现了 C(1s) 峰，这是由于样品在制备过程中容易受到碳氢化合物污染，并且样品在测试过程中容易受到检测室残留的扩散泵油污染的缘故所致。而在图中结合能 711eV 未发现 Fe(2p) 的特征峰，说明锂辉石样品纯度高，表面未受 Fe 金属离子污染。

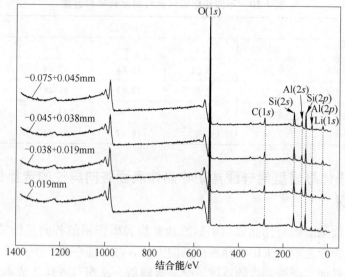

图 4-30 不同粒级锂辉石矿物的 XPS 图谱

根据锂辉石单矿物全谱图中出现的每个元素，对不同粒级的锂辉石进行了精细的能谱扫描。根据扫描图得出了不同粒级锂辉石矿物表面元素的结合能及相对浓度。不同粒级锂辉石表面元素结合能见表4-9。不同粒级锂辉石表面元素相对浓度含量见表4-10。由表4-9可知，不同粒级锂辉石的主要表面元素Li、Al、Si和O的电子结合能几乎没有变化，即均未发生明显的化学位移。说明当粒度改变时，矿物表面不会生成新的元素，也不会对矿物表面元素的化学性质发生改变。

表4-9　不同粒级锂辉石表面元素结合能

粒级/mm	结合能/eV				
	Al(2p)	Li(1s)	Si(2p)	O(1s)	C(1s)
-0.075 +0.045	74.58	56.41	102.48	531.67	284.8
-0.045 +0.038	74.61	56.03	102.36	531.72	284.8
-0.038 +0.019	74.56	56.21	102.41	531.66	284.8
-0.019	74.57	56.32	102.38	531.54	284.8

但由表4-10可知，粒度发生改变时，锂辉石表面元素相对含量发生了改变。对于与油酸钠发生化学吸附的Al活性质点，不同粒级锂辉石Al相对浓度大小顺序为：-0.045 +0.038mm（10.28%）> -0.075 +0.045mm（9.24%）> -0.038 +0.019mm（8.32%）> -0.019mm（7.54%）。这个顺序与不同粒级锂辉石浮选行为和吸附行为相一致，即通过XPS定量分析进一步证实了前面所述不同粒级锂辉石浮选行为差异性的机理。

表4-10　不同粒级锂辉石表面元素相对含量

粒级/mm	相对含量/%				
	Al	Li	Si	O	C
-0.075 +0.045	9.24	6.56	15.84	47.89	20.47
-0.045 +0.038	10.28	7.32	17.57	44.48	20.35
-0.038 +0.019	8.32	9.15	17.96	44.09	20.48
-0.019	7.54	10.27	18.77	43.03	20.39

4.11　基于伟晶岩型铝硅酸盐矿物晶体表面各向异性的选择性磨矿初探

通过上面油酸钠与伟晶岩型铝硅酸盐矿物表面作用的各向异性特点可设想：如果在浮选作业之前，采用选择性碎磨的方法，尽可能多地产生与浮选剂选择性作用的暴露晶面，浮选调控的难度就会显著降低，从而节省浮选成本。因此，本研究所指的选择性磨矿就是基于不同伟晶岩型铝硅酸盐矿物晶体表面的各向异性特征，采用不同的磨矿介质和工艺参数，使有用矿物（如锂辉石）尽可能产生与捕收剂/活化剂选择性吸附的暴露面；使脉石矿物（如长石等）尽可能产生与捕收剂不发生吸附作用或弱吸附作用，而与抑制剂发生强选择性吸附的暴露晶面，从而达到强化浮选分离的目的。

Ulusoy 等[20,21]研究了球磨、棒磨和半自磨 3 种磨矿方式对方解石、重晶石、滑石和石英等矿物润湿性的影响，并借助扫描电镜（SEM）和 Morphologi 观察了粉末样的形状特征。研究发现，半自磨的方解石和球磨的重晶石具有较大伸长率和平整度，疏水性较强；棒磨的石英和滑石具有较大伸长率和平整度，疏水性较好。Zhu 等[22]通过研究湿磨和干磨后的锂辉石浮选行为，发现湿磨的锂辉石浮选回收率高于干磨的；通过 XRD 和 SEM 观察发现湿磨产生了更多与阴离子捕收剂油酸钠选择性作用的（110）面。因此，对于同种矿物采用不同的磨矿条件（介质、方法等）得到的粉末产品的形状特征和表面性质有差别，其润湿性和浮选回收率亦存在差异。

本节只简单地对锂辉石分别经过陶瓷和玛瑙介质球磨后，筛分粒度为 45 ～ 75μm 的粉末样品的浮选行为进行比较研究，不加 Fe^{3+} 活化的浮选结果如图 4-31 所示，加了 Fe^{3+} 活化浮选的结果如图 4-32 所示。

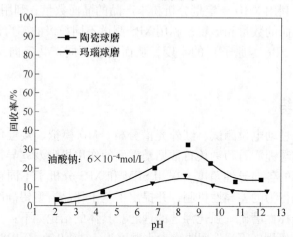

图 4-31　无活化剂条件下不同磨矿介质球磨锂辉石矿物的浮选行为比较

由图 4-31 和图 4-32 可以看出，陶瓷介质球磨后的浮选效果好，即可以通过磨矿介质的调整进行选择性磨矿来强化浮选。关于基于伟晶岩型铝硅酸盐矿物晶体表面各向异性的选择性磨矿—强化浮选基础理论研究工作，在后续国家自然基金委面上项目的支持下，我们将陆续开展更进一步的深入工作。对于关于如何通过选择性磨矿实现不同伟晶岩型铝硅酸盐矿物暴露设想的定向晶面这个选择性磨矿—强化浮选的关键技术问题。后续我们将采用先进的微观图像观测技术以及微

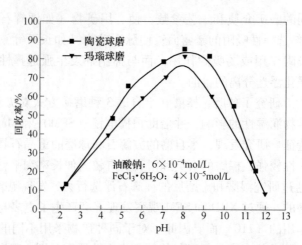

图 4-32   在活化剂（Fe^{3+}）条件下，不同磨矿介质球磨锂辉石矿物
的浮选行为比较

区物相和成分分析技术（如 XRD、SEM、TEM、XPS 等）考察磨矿介质与条件的
改变对伟晶岩型铝硅酸盐矿物颗粒粒度大小、颗粒形貌、不同暴露晶面的数量等
的影响。例如，利用 XRD 半定量分析粉末产品的晶面数量；利用 SEM 和 TEM 直
接观察不同暴露面的数量和形貌；利用 XPS 测试不同粒级的矿物粉末颗粒表面活
性位点（Al、Li、Be 等原子）的丰度，从而确定不同矿物定向暴露面产生的磨
矿介质与条件。

4.12   本章小结

　　本章主要通过动电位测试、红外光谱分析、MD 模拟、接触角测试等手段系
统研究了油酸钠与锂辉石和钠长石常见暴露面的作用机理及差异性；并从油酸钠
与矿物表面作用的各向异性角度，采用 SEM 和 XPS 分析了不同粒级伟晶岩型铝
硅酸盐矿物浮选行为的差异性机制，并提出了基于伟晶岩型铝硅酸盐矿物晶体表
面各向异性的选择性磨矿—强化浮选的理念。具体的结论如下：

　　（1）不同粒级锂辉石浮选回收率大小顺序为：$-0.045 +0.038mm > -0.075 + 0.045mm > -0.038 +0.019mm > -0.019mm$。不同粒级钠长石浮选回收率大小顺
序为：$-0.019mm > -0.038 +0.019mm > -0.075 +0.045mm > -0.045 + 0.038mm$。粒度对钠长石与锂辉石浮选行为的影响规律相反，即粗粒级的锂辉石
浮选效果好，而细粒级的钠长石浮选效果好。对于实际锂辉石矿石浮选分离指导
意见为：在磨浮矿过程中，应尽量减少细粒级的产生；应阶段磨矿阶段选别作
业，粗磨粗选。

　　（2）Zeta 电位测试和红外光谱分析发现锂辉石和钠长石表面的 Al 质点与油
酸钠发生化学吸附作用。MD 模拟结果发现锂辉石常见解理面与油酸钠作用的最

稳定构型中，油酸钠羧酸基的 2 个 O 原子与（110）面断裂 2 个 Al—O 键的 Al 质点形成双配位化学作用方式；而在（001）面上羧酸基的 2 个 O 原子与断裂 1 个 Al—O 键的 Al 质点形成单配位型螯合。油酸钠在这 2 个表面上的吸附能（ -kcal/mol）也是（110）面 >（001）面。即可得出油酸钠与（110）面形成的双配位构型更稳定，化学作用更强。通过接触角测量，发现在油酸钠作用下，（110）面接触角大于（001），（110）面疏水性好，证实了 MD 模拟结果。

（3）从油酸钠与矿物表面作用的各向异性的角度，采用 SEM 和 XPS 手段分析发现中粒级（ -0.045 +0.038mm）的锂辉石比粗粒级有更多的（110）面、吸附更多的油酸钠，进而中粒级的锂辉石（ -0.045 +0.038mm）浮选效果更好；但当矿物颗粒再进行碎磨时，粒度进一步减小，矿物颗粒将沿具有更强化学键的底面（001）断裂，（001）面占的比例会逐渐增多，则底面（001）面在决定矿物表面性质的作用越来越大，（001）面化学吸附油酸钠的能力不及（110）面，所以细粒级（ -0.038 +0.019mm 和 -0.019mm）锂辉石吸附的油酸钠少、浮选效果不好。对于钠长石，中粒级比粗粒级有更多的对油酸钠没有化学吸附能力的（010）面，吸附的油酸钠少，中粒级的钠长石（ -0.045 +0.038mm）浮选效果差；对于细颗粒的钠长石，底面（001）面的相对数量和面积都大于端面（010）面，而（001）面化学吸附油酸钠的能力强于（110）面，所以细粒级（ -0.038 +0.019mm 和 -0.019mm）钠长石吸附的油酸钠更多，浮选效果较好。

（4）基于油酸钠与伟晶岩型铝硅酸盐矿物表面作用的各向异性特点，采用选择性碎磨的方法，尽可能多地产生与浮选剂选择性作用的暴露面，可达到强化浮选分离的目的。

参 考 文 献

[1] Pradip, Rai B, Rao T K, et al. Molecular modeling of interactions of diphosphonic acid based surfactants with calcium minerals [J]. Langmuir, 2002, 18 (3): 932 ~ 940.

[2] Rai B, Sathish P, Tanwar J, et al. A molecular dynamics study of the interaction of oleate and dodecylammonium chloride surfactants with complex aluminosilicate minerals [J]. Journal of colloid and interface science, 2011, 362 (2): 510 ~ 516.

[3] Aixing F, Somasundaran P, Turro N J. Fluorescence study of premicellar aggregation in Cationic Gemini Surfactants [J]. Langmuir, 1997, 13: 506 ~ 510.

[4] Ananthapadmanabhan K P, Goddard E D, Turro N J, et al. Fluorescence Probes for Critical Micelle Concentration [J]. Langmuir, 1985, 1: 352 ~ 355.

[5] Pramila K M, Somasundaran P. Fluorescence Probing of the Surfactant Assemblies in Solutions and at Solid-Liquid Interfaces [J]. Advances in Polymer Science, 2008 (218): 143 ~ 188.

[6] Heinz H, Koerner H, Anderson K L, et al. Force Field for Mica-Type Silicates and Dynamics of

Octadecylammonium Chains Grafted to Montmorillonite [J]. Chemistry of Materials, 2005：5658 ~ 5669.

[7] Xu Y, Liu Y, He D, et al. Adsorption of cationic collectors and water on muscovite (001) surface: A molecular dynamics simulation study [J]. Minerals Engineering, 2013：101 ~ 107.

[8] Fu Y, Heinz H. Cleavage Energy of Alkylammonium-Modified Montmorillonite and Relation to Exfoliation in Nanocomposites: Influence of Cation Density, Head Group Structure, and Chain Length [J]. Chemistry of Materials, 2010, 22 (4): 1595 ~ 1605.

[9] 刘方. 硅酸盐矿物浮选过程中调整剂对捕收剂作用方式的研究 [D]. 沈阳：东北大学, 2011.

[10] Vizcarra T G, Harmer S L, Wightman E M, et al. The influence of particle shape properties and associated surface chemistry on the flotation kinetics of chalcopyrite [J]. Minerals Engineering, 2011, 24 (8): 807 ~ 816.

[11] Koh P T L, Hao F P, Smith L K, Chau T T, Bruckard W J. The effect of particle shape and hydrophobicity in flotation [J]. International Journal of Mineral Processing, 2009, 93 (2): 128 ~ 134.

[12] Miettinen T, Ralston J, Fornasiero D. The limits of fine particle flotation [J]. Minerals Engineering, 2010, 23 (5): 420 ~ 437.

[13] 胡岳华. 矿物浮选 [M]. 长沙：中南大学出版社, 2014.

[14] 褚小立, 袁洪福, 陆婉珍. 近年来我国近红外光谱分析技术的研究与应用进展 [J]. 分析仪器, 2006 (2): 1 ~ 6.

[15] Moon K S, Fuerstenau D W. Surface crystal chemistry in selective flotation of spodumene (LiAl[SiO₃]₂) from other aluminosilicates [J]. International Journal of Mineral Processing, 2003 (72): 11 ~ 24.

[16] 彭文世, 刘高魁. 矿物红外光谱图集 [M]. 北京：科学出版社, 1984：356 ~ 357.

[17] Rath S S, Sinha N, Sahoo H, et al. Molecular modeling studies of oleate adsorption on iron oxides [J]. Applied Surface Science, 2014, 295: 115 ~ 122.

[18] Rai B. Molecular modeling and rational design of flotation reagents [J]. International Journal of Mineral Processing, 2003, 72 (1): 95 ~ 110.

[19] Chernyshova I V, Ponnurangam S, Somasundaran P. Adsorption of fatty acids on iron (hydr) oxides from aqueous solutions [J]. Langmuir, 2011, 27 (16): 10007 ~ 10018.

[20] Ulusoy U, Yekeler M. Correlation of the surface roughness of some industrial minerals with their wettability parameters [J]. Chemical Engineering and Processing: Process Intensification, 2005, 44 (5): 555 ~ 563.

[21] Ulusoy U, Yekeler M, Hiçyılmaz C. Determination of the shape, morphological and wettability properties of quartz and their correlations [J]. Minerals Engineering, 2003, 16 (10): 951 ~ 964.

[22] Zhu G, Wang Y H, Liu X, et al. The cleavage and surface properties of wet and dry ground spodumene and their flotation behavior [J]. Applied Surface Science, 2015 (357): 333 ~ 339.

5 阴阳离子组合捕收剂与伟晶岩型铝硅酸盐矿物的界面作用

由于伟晶岩型锂辉石矿浮选体系的复杂性，在浮选实践过程中发现单独使用某种捕收剂难以达到良好的分离效果，而将捕收剂按照一定的规则组合使用，往往可以收到意想不到的效果。事实上，目前锂辉石矿浮选的研究和生产中使用的捕收剂，尤其是近年开发的效果较好的锂辉石矿捕收剂，大部分为混合捕收剂。但目前关于混合捕收剂的基础理论研究很薄弱，远落后于混合捕收剂的应用实践。所以本章通过浮选试验、表面张力测定、溶液化学计算、芘荧光探针技术、接触角测试、动电位测试及分子动力学模拟等手段，分别对混合捕收剂的液-气界面性质、固-液界面的吸附行为及在矿物界面上的组装作用机制等进行系统研究，以期揭示组合捕收剂的界面组装作用机理，为研发伟晶岩型铝硅酸盐矿物浮选分离的高效捕收剂提供理论依据。

5.1 阴阳离子组合捕收剂的表面性质

5.1.1 组合捕收剂的表面张力与浓度的关系

一般用来表征表面活性剂表面性质的参数主要有[1,2]：临界胶束浓度（CMC）、最大表面剩余浓度（Γ_{max}）和最小平均分子面积（A_{min}），而这些可由表面活性剂的表面张力对浓度对数的曲线求得。

图 5-1 所示为十二胺（DDA）、油酸钠及几个不同摩尔比组合的组合捕收剂油酸钠/十二胺的表面张力对浓度对数的曲线。根据图 5-1 可以得到表征表面活性剂及它们混合物的表面性质的 4 个表面参数，其结果见表 5-1。表 5-1 列出了不同摩尔比组合的组合捕收剂和单一捕收剂的 CMC 值和 γ_{CMC} 值，可以看出，等摩尔比（1:1）的阴阳离子表面活性剂组合显现出最高表面活性，而非等摩尔配比的阴阳离子组合表面活性剂也能使 CMC 值和 γ_{CMC} 值降低，表面活性提高。在等摩尔比，即 $\alpha_{DDA}=0.5$ 时 CMC 取得最小值的原因可能是：在当 $\alpha_{DDA}=0.5$ 时，由于带电的极性基之间的静电作用，阴阳离子捕收剂之间发生中和反应而产生电中性的络合物，由于两种捕收剂含量相同，中和反应完全，所以此时组合捕收剂中同种极性基之间的静电斥力最小；而当 α_{DDA} 不等于 0.5 时，在组合捕收剂中会有同种电性的极性基剩余，从而导致 CMC 值上升[3]。

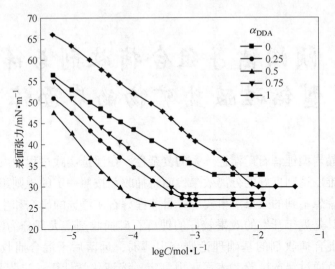

图 5-1   不同摩尔组合比的组合捕收剂的表面张力与浓度对数的关系曲线

　　饱和吸附量（Γ_{max}）是用来评估表面活性剂在液-气界面上吸附效果的一个重要参数。根据饱和吸附量的大小可以判断表面活性剂所能吸附的最大值，所以它的大小对一个表面活性剂的起泡、润湿和乳化能力均有很大的影响。表面吸附量增加可形成排列紧密的碳氢链层，使得原来羟基型、表面能较高的水表面变为非极性、低表面能的"油"表面，因而在很大程度上改变了表面性质，使其更加接近于碳氢化合物表面[4]。

　　液-气界面上的 Γ_{max} 和 A_{min} 可由吉布斯（Gibbs）吸附方程计算得出：

$$\Gamma_{max} = -\frac{1}{2.303nRT}\left(\frac{\partial\gamma}{\partial\log C}\right)_T \tag{5-1}$$

$$A_{min} = \frac{1}{\Gamma N_A} \tag{5-2}$$

式中　（$\partial\gamma/\partial\log C$）——25℃时在达到 CMC 前曲线的直线部分的斜率；

　　　　T ——绝对温度，298.15K；

　　　　R ——万能气体常数，8.314J/（mol·K）；

　　　　N_A ——阿伏伽德罗常数，6.023×10^{23}mol^{-1}。

　　Γ_{max} 的单位是 μmol/m^2，A_{min} 的单位是 Å^2（10^{-2}nm^2）。查阅文献可知，在阴阳离子组合捕收剂体系中 $n=1$，在单一表面活性剂油酸钠和十二胺中 $n=2$[5,6]。

　　根据 Γ_{max} 和 A_{min} 值可以判断捕收剂分子在液-气界面上的组装密度，在液-气界面上的 Γ_{max} 值越大或者 A_{min} 越小，说明捕收剂分子组装密度越大，也就是说捕收剂在界面上垂直排列性更加明显和紧密。表 5-1 列出了单一捕收剂油酸钠和十二胺以及不同摩尔比的组合捕收剂十二胺/油酸钠的 Γ_{max} 和 A_{min}。从表 5-1 中可知

组合捕收剂的 Γ_{max} 值大于单一捕收剂，组合后会使表面吸附量明显增加，表面活性提高。在所研究的几个不同配比的组合捕收剂溶液中，当 $\alpha_{DDA} = 0.5$ 时，其 Γ_{max} 值最大、A_{min} 最小，因为当吸附层阴阳离子捕收剂为等摩尔比组成时，可达到最大电性吸引，表面吸附层分子排列更加精密，吸附量增加达到最大值。

表 5-1 $\alpha_{DDA} = 0$，0.25，0.50，0.75 和 1.00 时组合捕收剂的表面性质

$\alpha_{十二胺}$	$CMC/\mathrm{mol \cdot L^{-1}}$	γ_{CMC}	$\Gamma_{max}/\mu\mathrm{mol \cdot m^{-2}}$	$A_{min}/\mathrm{nm^2}$
0	1.72×10^{-3}	32.66	1.56	1.0643
0.25	5.01×10^{-4}	26.85	2.05	0.8099
0.50	1.00×10^{-4}	25.51	2.91	0.5706
0.75	6.03×10^{-4}	28.03	2.29	0.7250
1.00	1.08×10^{-2}	29.71	1.94	0.8558

由此可见，阴阳离子捕收剂组合溶液，不但消除了同电荷之间的斥力，而且形成了正负电荷间的引力，十分有利于两种表面活性剂离子间的缔合，同时也就增加了疏水性。因此，在界面上的吸附增加，也使胶团更容易形成，提高表面活性。

5.1.2 组合捕收剂的微极性分析

本节主要通过荧光探针技术讨论组合捕收剂在水溶液中的微极性的变化。图 5-2 所示是荧光探针在纯捕收剂溶液中微极性值随浓度变化的情况。

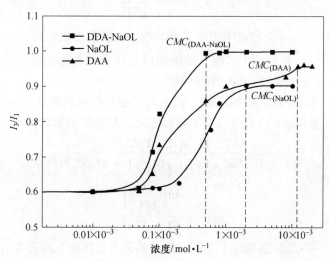

图 5-2 捕收剂溶液的微极性值 I_3/I_1 与浓度的关系

从图 5-2 中可以看出，捕收剂的微极性值 I_3/I_1 先随着浓度的增加而迅速升

高。当捕收剂浓度达到临界胶团浓度 CMC 后，捕收剂溶液在水中表面形成胶束，探针芘被捕收剂分子的非极性基所包围，其微极性值基本不变，出现一个平台。3 种捕收剂油酸钠、十二胺和油酸钠/十二胺（摩尔比 3:1）的临界胶团浓度分别为：$2.0 \times 10^{-3} mol/L$、$1.05 \times 10^{-2} mol/L$ 和 $5.0 \times 10^{-4} mol/L$，很明显组合捕收剂的 CMC 比单一捕收剂要小，与表面张力测试结果相一致；而且组合捕收剂的微极性值比单一捕收剂的要大。微极性测试结果也说明阴阳离子组合捕收剂在水溶液中具有协同作用，从而可提高其浮选矿物的捕收性能。

5.2　阴阳离子组合捕收剂在气-液界面上的协同作用

非理想二元混合表面活性剂体系通常显示出协同效应，这种协同效应对表面活性剂的一系列应用性质如起泡、乳化、增溶以及矿物浮选等十分重要。Rosen 等人[7]已成功将 Rubingh 的非理想混合胶束理论推广到非理想混合吸附，并给出了各种协同作用产生的条件。

由于阴阳离子组合体系的非理想性最强，根据正规溶液理论和 Rubingh 理论[8]，可以根据以下公式求得胶束的相互作用参数 β^m：

$$\frac{(X_1^m)^2 \ln\left(\dfrac{\alpha_1 C_{12}^m}{X_1^m C_1^m}\right)}{(1 - X_1^m)^2 \ln\left[\dfrac{(1 - \alpha_1) C_{12}^m}{(1 - X_1^m) C_2^m}\right]} = 1 \tag{5-3}$$

$$\beta^m = \frac{\ln(\alpha_1 C_{12}^m / X_1^m C_1^m)}{(1 - X_1^m)^2} \tag{5-4}$$

式中　　　X_1^m——混合胶束中阳离子捕收剂十二胺的摩尔组分；

　C_1^m，C_2^m，C_{12}^m——分别是十二胺、油酸钠以及在十二胺摩尔组分为 α_1 时阴阳离子组合捕收剂的 CMC。

同理，在溶液中十二胺的摩尔分数 α_1 与它相互作用的单分子层中所占的摩尔分数有关。根据 Rosen 公式可以求出界面之间的相互作用参数：

$$\frac{(X_1^\sigma)^2 \ln(\alpha_1 C_{12}^s / X_1^\sigma C_1^s)}{(1 - X_1^\sigma)^2 \ln[(1 - \alpha_1) C_{12}^s / (1 - X_1^\sigma) C_2^s]} = 1 \tag{5-5}$$

$$\beta^\sigma = \frac{\ln\left(\dfrac{\alpha_1 C_{12}^s}{X_1^\sigma C_1^s}\right)}{(1 - X_1^\sigma)^2} \tag{5-6}$$

式中，C_1^s、C_2^s 和 C_{12}^s 分别是使十二胺、油酸钠和十二胺摩尔组分为 α_1 的组合捕收剂表面张力降低 35mN/m 的浓度。

将由表面张力分析所得的 CMC、C_1^m、C_2^m、C_{12}^m、C_1^s、C_2^s 和 C_{12}^s 值代入式（5-3）~式（5-6），可以得出 X_1^m、β^m、X_1^σ 以及 β^σ，所得结果见表 5-2。

表5-2 不同摩尔比 α_{DDA} 组合捕收剂溶液的协同作用参数和分子间
相互作用参数的关系

$\alpha_{十二胺}$	X_1^m	β^m	$\mid \ln(C_1^m/C_2^m) \mid$	X_1^σ	β^σ
0.25	0.36	−8.39		0.48	−15.95
0.50	0.52	−20.49	1.84	0.55	−25.15
0.75	0.54	−12.08		0.58	−15.90

从表5-2可以看出，β^m 和 β^σ 在3种混合情况下均是负值，这说明它们在胶团中分子间的相互作用比同种分子间的相互作用强。并且 β^m 和 β^σ 变化趋势与组合捕收剂的 CMC 变化一致，即随 $\alpha_{十二胺}$ 的增大先减后增，并在 $\alpha_{DDA}=0.5$ 时取得最小值。说明正负电荷之间的吸引力在混合胶团中起主导作用，当 $\alpha_{DDA}=0.5$，也就是正负电荷比为 1:1 时，静电吸引力最强，所以 β^m 和 β^σ 取得最小值。混合胶团中的相互作用比表面上混合单分子层中的相互作用要强，即 β^σ 比 β^m 增加的更快。

在复配体系中正协同作用存在的条件是[9]：（1）β^m 必须是负值；（2）$\mid \beta^m \mid > \mid \ln(C_1^m/C_2^m) \mid$。本书中几种复配体系中 $\mid \ln(C_1^m/C_2^m) \mid$ 的均值为 1.84，由表5-2的值可知，实验所测的几个复配体系均满足正协同作用存在的条件。说明由十二胺和油酸钠组成的组合捕收剂体系均存在正协同效应。

5.3 阴阳离子组合捕收剂浮选伟晶岩型铝硅酸盐矿物

上节已经从理论上证明阴阳离子组合捕收剂在液-气界面的组装导致协同效应，为了进一步研究这种组装在固-液界面的作用，即在实际浮选中的表现，本节将其应用于伟晶岩型铝硅酸盐矿物白云母、锂辉石和长石的浮选分离，考察组合比、药剂用量以及 pH 对矿物浮选的影响。

5.3.1 阴阳离子组合捕收剂浮选分离白云母

在阴阳离子组合捕收剂体系中阴阳离子的摩尔组合比对组合捕收剂的浮选性能具有很大的影响。图5-3展示了组合捕收剂在初始浓度为 $2 \times 10^{-4} \, mol/L$ 条件下，溶液中阳离子捕收剂十二胺的摩尔组分与白云母浮选回收率的关系。从图中可知，在 pH=7.0 条件下，当 $\alpha_{DDA}=0$，即单一捕收剂油酸钠条件下，白云母回收率很低，仅为 5.46%，由于白云母零电点较低，在较宽 pH 范围内表面荷负电，与阴离子捕收剂之间的静电作用比较弱，而同时白云母表面活性质点 Al^{3+} 很少，所以浮选回收率较低；当组合捕收剂体系中 α_{DDA} 增加，白云母的回收率迅速增加，并在 $\alpha_{DDA}=0.25$ 时取得最大值 98.45%；然后当 α_{DDA} 继续增大，白云母的回收率缓慢减少；当 $\alpha_{DDA}=1$，即组合体系中只有阳离子捕收剂十二胺时，白云

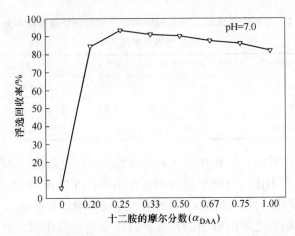

图 5-3　不同混合摩尔比组合捕收剂对白云母浮选回收率的影响

母的回收率为 82.12%。浮选结果说明，阴阳离子组合捕收剂对白云母的浮选也具有正协同效应，并且当 $\alpha_{DDA}=0.25$，即油酸钠：十二胺的摩尔比 = 1:3 时，这种协同效应最明显。可见阴阳离子组合捕收剂在固-液界面组装产生的最大协同作用与在气-液界面上不一样。

图 5-4 所示为捕收剂浓度为 2×10^{-4} mol/L 时，单一捕收剂十二胺和油酸钠以及组合捕收剂油酸钠/十二胺（$\alpha_{DDA}=0.25$）浮选白云母的回收率与 pH 的关系曲线。从图中可知，在整个 pH 研究范围内，阴离子捕收剂油酸钠浮选白云母的回收率都很低，基本维持在 5% 左右；而阳离子捕收剂十二胺对白云母表现出很好的捕收性能，白云母回收率随 pH 的增加而逐渐下降，但白云母回收率维持在 93%～70% 范围内。由于白云母较低的零电点，在较大 pH 区间内，白云母均荷

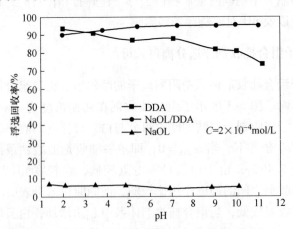

图 5-4　pH 对不同捕收剂浮选白云母的影响

负电，所以通过静电作用，阳离子捕收剂十二胺能很好地吸附在白云母表面，从而保证了较高的浮选回收率。在组合捕收剂油酸钠/十二胺的作用下，pH 对白云母的回收率影响不明显，白云母回收率基本维持90%以上，说明组合捕收剂各组分间对白云母的浮选作用发生协同捕收效应。

图 5-5 为 pH = 7.0 条件下，单一捕收剂十二胺和油酸钠以及组合捕收剂油酸钠/十二胺（$\alpha_{DDA} = 0.25$）浮选白云母的回收率与捕收剂浓度的关系曲线。从图中可以看出，浓度对阴离子捕收剂油酸钠浮选白云母的能力影响不大，白云母回收率在不同浓度阴离子捕收剂的条件下，依然保持很低的值；对于阳离子捕收剂十二胺，当溶液中捕收剂溶度较低（$< 4 \times 10^{-4}$ mol/L）时，浓度的增加能迅速提高白云母的回收率，但当溶液中阳离子的浓度超过 4×10^{-4} mol/L 时，白云母的回收率维持在95%左右不变；浓度对组合捕收剂十二胺/油酸钠浮选白云母的影响与阳离子捕收剂十二胺有一定的相似，但是当组合捕收剂浓度为 2×10^{-4} mol/L 时，白云母的回收率就达到了最大值，并且继续增加捕收剂的浓度，白云母的回收率反而会下降，分析原因可能是由于组合捕收剂浓度超过了组合捕收剂的临界胶团浓度，有可能形成胶团，降低了组合捕收剂的活性。

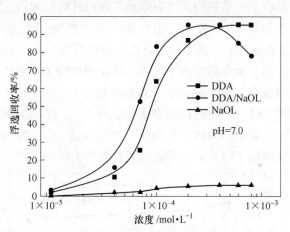

图 5-5　浓度对不同捕收剂浮选白云母的影响

5.3.2　阴阳离子组合捕收剂浮选分离锂辉石与钠长石

于福顺等[10]研究发现油酸和十二胺组合捕收剂对锂辉石和长石有选择性浮选分离的效果。图 5-6 所示是在单一捕收剂油酸钠和十二胺作用下，锂辉石和长石浮选回收率与 pH 的关系曲线。从图 5-6 可以看出，在阴离子捕收剂油酸钠单独作用下，锂辉石和钠长石回收率较低，不能有效达到浮选分离的目标。在阳离子捕收剂十二胺作用下，在整个浮选 pH 范围内，锂辉石都保持着近 90% 以上的浮选回收率，而长石的回收率只略低于锂辉石的，达到近 80% 以上的浮选回收

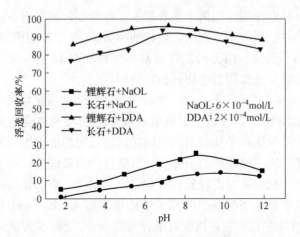

图 5-6　pH 对单一捕收剂油酸钠和十二胺浮选锂辉石和长石的影响

率。可知，十二胺对于锂辉石和长石的浮选没有选择性，对 2 种矿物均具有很好的浮选表现。从 2 种单一捕收剂的浮选表现很容易得出，单独使用阳离子捕收剂十二胺或阴离子捕收剂油酸钠均无法有效地实现对锂辉石和长石的浮选分离。

　　图 5-7 所示是 pH 为 8.5 左右，组合捕收剂油酸钠/十二胺浓度为 6×10^{-4} mol/L 条件下，油酸钠与十二胺摩尔组合比与锂辉石和长石浮选回收率关系的曲线。从图中可以看出，组合捕收剂中阴离子捕收剂油酸钠和阳离子捕收剂十二胺的配比对长石的回收率有很大的影响，当油酸钠∶十二胺 <6∶1 时，随着组合捕收剂中十二胺比例下降，长石的回收率从油酸钠∶十二胺 =1∶1 时的 92.12% 迅速下降到油酸钠∶十二胺 =6∶1 时的 25.18%，当油酸钠∶十二胺 > 6∶1 时，组合捕收剂中十二胺比例继续下降长石的回收率还有缓慢下降的趋势。对于锂辉石，随

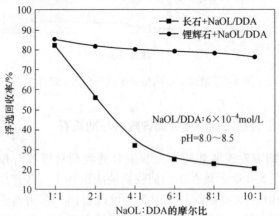

图 5-7　组合捕收剂中油酸钠和十二胺的摩尔组合比对锂辉石和
长石浮选回收率的影响

着组合捕收剂中十二胺比例下降，锂辉石浮选下降的不明显。可知，组合捕收剂浮选分离锂辉石和长石，阴离子捕收剂油酸钠与阳离子捕收剂十二胺的最佳摩尔组合比为 6:1 ~ 10:1。

图 5-8 所示为组合捕收剂浓度为 6×10^{-4} mol/L，油酸钠与十二胺摩尔混合比为 6:1 时，锂辉石和长石的回收率与 pH 的关系曲线。从图中可以看出，锂辉石的回收率先随着 pH 的增加从 pH = 2.18 时的 10.58% 增加到 pH = 8.55 的最大值 79.15%，随后 pH 的继续增加会导致锂辉石回收率的下降，在 pH = 11.78 时，锂辉石的回收率下降为 39.49%。长石的回收率则随着 pH 的增加而不断减少，从 pH = 2.23 时的 75.84% 一直降低到 pH = 11.67 时的 15.97。可知，对于组合捕收剂浮选分离锂辉石和长石最适宜的 pH 范围在 8.5 左右。

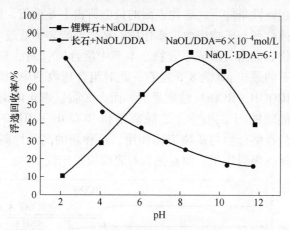

图 5-8 pH 对组合捕收剂浮选锂辉石和长石的影响

5.4 阴阳离子组合捕收剂与锂辉石和钠长石选择性作用机理

5.4.1 组合捕收剂的浮选溶液化学

十二胺和油酸都是弱电解质型表面活性剂，它们在溶液中的存在状态与溶液 pH 值有很大关系。阴离子捕收剂油酸钠与阳离子十二胺在溶液中会发生中和反应，形成油酸钠-十二胺络合物，而油酸钠的羧基官能团与十二胺的氨基官能团之间并不能产生强烈的键合作用，所以油酸的羧基官能团中的电负性原子 O 与十二胺的氨基官能团中的电负性原子 N 的氢键作用是油酸钠-十二胺络合物产生的最合理解释[11,12]。基于以上的分析，可以认为组合捕收剂油酸钠/十二胺中各组分在溶液中的存在状态与油酸钠和十二胺各自单独在水溶液中的存在状态相似，根据十二胺和油酸的溶液化学知识[13]，可以画出组合捕收剂的解离-缔合平衡的浓度对数图。

　　图 5-9 所示为组合捕收剂浓度为 6×10^{-4} mol/L，油酸钠与十二胺摩尔混合比为 6:1 时，组合捕收剂的解理-缔合平衡的浓度对数图。从图中可以看出，不同 pH 条件下十二胺和油酸在溶液中存在状态不同，对于油酸在 pH < 8.7 时，油酸在溶液中主要以油酸分子 RCOOH 的形式存在，pH = 8.7 左右，离子-分子缔合物 RCOOH·RCOO⁻ 浓度为最大值；当溶液 pH > 8.7 时，油酸在溶液中主要以油酸离子 RCOO⁻ 及 (RCOO⁻)₂²⁻ 等离子形式存在；在十二胺溶液中，当 pH < 10.5 时，十二胺主要以 RNH₃⁺ 和 (RNH₃⁺)₂²⁺ 等离子形式存在，而在 pH > 10.5 时，十二胺主要以 RNH₂ 分子状态存在。在酸性条件下，随着 pH 的升高，矿物表面的正电荷减少，此时组合捕收剂中的油酸主要以化学吸附的形式吸附在铝硅酸盐矿物表面，然后十二胺离子通过电荷中和与油酸离子形成共吸附，进而在矿物表面形成络合物；在碱性条件下，矿物表面的负电荷占主导地位，此时十二胺的静电吸附成为组合捕收剂与矿物表面主要作用，然后油酸离子通过电荷中和形成共吸附，进而在矿物表面组装形成络合物。本节中组合捕收剂油酸钠／十二胺浮选分离锂辉石与长石的最佳 pH 为 8.5 左右，此时组合捕收剂中油酸中带负电的离子-分子缔合物 RCOOH·RCOO⁻ 浓度最大，而十二胺以带正电离子的状态存在，这样组合捕收剂油酸钠／十二胺中十二胺离子和 RCOOH·RCOO⁻ 通过静电引力组装形成新的高活性络合物与矿物表面作用，这种新的高活性离子-分子络合物对锂辉石具有选择性吸附作用，而在钠长石表面吸附比较弱。

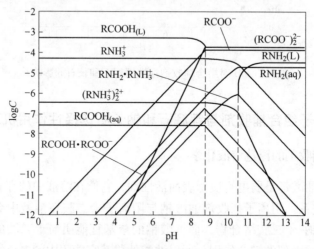

图 5-9　组合捕收剂溶液各组分的浓度对数图

(浓度 = 6×10^{-4} mol/L，油酸钠：十二胺 = 6:1)

5.4.2　组合捕收剂对锂辉石和钠长石表面电位的影响

　　图 5-10 和图 5-11 所示分别为锂辉石和钠长石在单一捕收剂与组合捕收剂作用

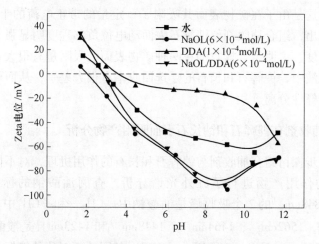

图 5-10　锂辉石在捕收剂体系下表面电位与 pH 值的关系

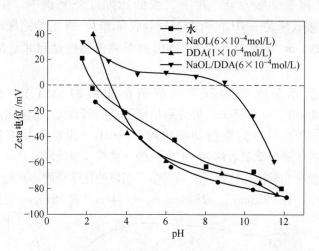

图 5-11　钠长石在捕收剂体系下表面电位与 pH 值的关系

前后的 Zeta 电位与 pH 关系曲线图。从图 5-10 和图 5-11 中可知，油酸钠与矿物作用后，在整个 pH 值范围内锂辉石表面的动电位发生了较大的负移，而钠长石表面的动电位负移程度不大，可以判断油酸钠以带负电的油酸根离子、离子–分子缔合物等形式在锂辉石表面发生了较强的吸附，而在钠长石表面吸附较弱。在十二胺溶液中，锂辉石和长石的表面电位均发生显著地正移，说明十二胺在这 2 种矿物表面均有比较强的吸附，但在强碱 pH 溶液中，锂辉石和长石表面的动电位正移程度明显减小。由十二胺溶液各组分的浓度对数图可知，十二胺在溶液中主要以分子形式存在，所以在锂辉石和长石表面通过静电吸附的量减少。在组合捕收剂溶液中，锂辉石和长石表面电位比在单一的油酸钠溶液中的表面电位整体上移了一点，这是由于在矿物表面共吸附了一定量的带正电荷的十二胺阳离子。从图中可以看出，组合捕收剂使锂辉石表面动电位负移程度明显强于使长石表面动电位负移程度，说明组合捕收剂在两种矿物表面的吸附量有很大差别，所以在组合捕收剂溶液中，锂辉石和长石的浮选回收率有很大差别，从而可以实现锂辉石和长石的选择性分离。

5.4.3 组合捕收剂在锂辉石和钠长石表面吸附产物分析

为了进一步探讨组合捕收剂与锂辉石和长石的作用机理，对不同捕收剂与锂辉石和长石的作用产物进行了红外光谱分析。查阅油酸钠的标准红外光谱，$2923cm^{-1}$ 和 $2848cm^{-1}$ 的 2 个吸收峰是油酸钠中—CH_2—和—CH_3 中 C—H 键的对称振动吸收峰，$1562cm^{-1}$、$1464cm^{-1}$、$1448cm^{-1}$ 和 $1423cm^{-1}$ 是羧酸盐的特征吸收峰，其中 $1562cm^{-1}$ 是 R—COOH 中—COO—基团的不对称伸缩振动吸收峰，其他 3 个是其对称振动吸收峰。在十二胺的标准红外光谱中，在 $1543cm^{-1}$ 和 $1109cm^{-1}$ 处的吸收峰是—NH_2 的弯曲振动吸收峰和 C—N 的伸缩振动吸收峰，在 $3236cm^{-1}$ 和 $3294cm^{-1}$ 处的吸收峰为—NH_2 的对称伸缩振动和非对称伸缩振动吸收峰[15~17]。

图 5-12 所示是在锂辉石与油酸钠作用后的光谱中，在 $2922cm^{-1}$、$2854cm^{-1}$、$1585cm^{-1}$ 和 $1465cm^{-1}$ 处分别出现了新的吸收峰。这些谱峰对应—CH_3（或—CH_2—）的不对称伸缩振动吸收峰、—CH_2—的对称伸缩振动吸收峰、—C＝O—基的伸展振动吸收峰和—CH_2—的弯曲振动吸收峰，且位置发生了一定程度的偏移，说明油酸钠在锂辉石表面发生了明显的化学吸附。在锂辉石与十二胺作用后的光谱中，在 $2923cm^{-1}$、$2848cm^{-1}$、$1744cm^{-1}$ 和 $1543cm^{-1}$ 处出现了新的

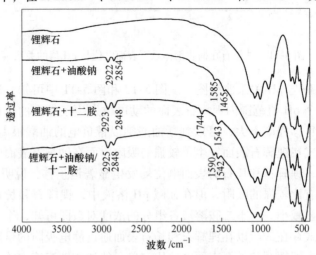

图 5-12 捕收剂与锂辉石作用前后的红外光谱图（pH≈8.5）

吸收峰，在1543cm^{-1}处的吸收峰对应着—NH$_2$的弯曲振动吸收峰，并且峰位没有出现偏移，说明十二胺在锂辉石表面有物理吸附。在锂辉石与组合捕收剂作用后的光谱中，在2925cm^{-1}和2848cm^{-1}处出现了—CH$_2$的不对称伸缩振动和对称伸缩振动吸收峰，在1590cm^{-1}处出现了明显的羧基COO$^-$与矿物表面作用的伸缩振动吸收峰，说明药剂与矿物表面发生了化学吸附，在1542cm^{-1}处出现的吸收峰与十二胺的—NH$_2$的弯曲振动吸收峰位置一致，说明矿物表面有十二胺的吸附。组合捕收剂与锂辉石作用的红外分析结果说明，组合捕收剂在锂辉石表面有更加明显的吸附。

图5-13所示为长石与油酸钠作用后的光谱中，只在2925cm^{-1}和2848cm^{-1}处出现微弱的—CH$_2$的不对称伸缩振动和对称伸缩振动吸收峰，说明油酸钠在长石的表面有微弱的吸附。在长石与十二胺作用后的表面出现了十二胺的特征吸收峰，说明十二胺在长石表面也有一定的吸附。在长石与组合捕收剂作用后的光谱中，在2925cm^{-1}、2848cm^{-1}和1590cm^{-1}和1542cm^{-1}处出现了微弱的新的吸收峰，说明组合捕收剂中的油酸钠和十二胺在长石表面仅有微弱的吸附。

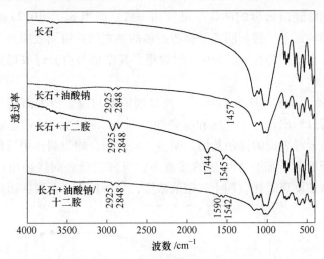

图5-13 捕收剂与钠长石作用前后的红外光谱图（pH≈8.5）

5.5 阴阳离子组合捕收剂在白云母-水界面上的组装协同作用

5.5.1 组合捕收剂对矿物表面润湿性的影响

通过测量接触角可以研究组合捕收剂对白云母表面润湿性的影响，进而可以探究油酸钠和十二胺在固-液界面上的协同作用。图5-14所示为组合捕收剂在白云母表面的接触角和表面张力与组合捕收剂中十二胺的摩尔组分的关系。从图5-14中可以看出，在油酸钠溶液中引入十二胺可以明显地增大白云母表面的接触

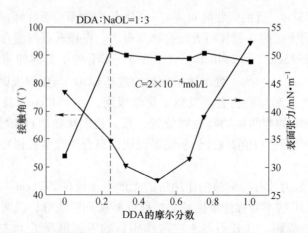

图 5-14 组合捕收剂中十二胺的摩尔比与白云母表面接触角
以及溶液表面张力的关系图

角，当 $\alpha_{DDA} = 0.25$ 时，白云母表面的接触角从 54°增加到 92°。与当 $\alpha_{DDA} = 0.25$
时组合捕收剂浮选白云母的回收率最大相一致。即当 $\alpha_{DDA} = 0.25$ 时，组合捕收
剂中阳离子捕收剂十二胺与阴离子捕收剂油酸钠之间的协同效应最为显著。但是
表面张力的最小值却是在 $\alpha_{DDA} = 0.5$ 时取得，其结果与白云母取得最大接触角的
α_{DDA} 值不一致。

图 5-15 所示为在 pH 为 7.0 时，捕收剂浓度与白云母表面接触角的关系曲
线。从图中可以看出，当十二胺和组合捕收剂十二胺/油酸钠浓度较低时，随着
浓度的增加白云母表面的接触角增加明显，同时组合捕收剂作用后的白云母表面
接触角要大于阳离子捕收作用后的接触角。当白云母表面接触角达到最大值以
后，如果再增加阳离子捕收剂十二胺的浓度，接触角不会再增加而是维持在最大

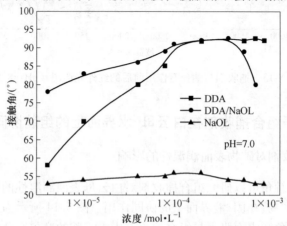

图 5-15 捕收剂浓度对白云母表面接触角的影响

值不变。相比十二胺和组合捕收剂油酸钠/十二胺，与单一油酸钠作用后，白云母表面的接触角很小。由于油酸钠在单独存在的条件下，在白云母表面并没有明显的吸附，所以不能使亲水的白云母表面变成疏水的表面。接触角测试结果进一步证实了组合捕收剂十二胺/油酸钠在白云母表面的组装具有协同作用。

图 5-16 所示为捕收剂浓度为 2×10^{-4} mol/L 时，pH 对白云母表面接触角的影响。从图 5-16 中可以看出，与十二胺的作用后，白云母接触角先随 pH 的增加而缓慢增加，这是由于云母表面零电点很低，在酸性区间随着 pH 的增长，表面负电增强，而十二胺又是以离子形式存在，因此十二胺与云母表面静电作用增强使得其在云母表面吸附增强，最终导致接触角增大；当 pH 大于 8 以后，白云母的接触角维持在 90°左右。在 pH 小于 8，经过组合捕收剂十二胺/油酸钠作用后的白云母表面的接触角明显高于单用十二胺作用后的接触角，从而提高了矿物表面的疏水性，此时，十二胺/油酸钠在白云母表面的组装有较强的协同作用；当 pH 大于 8 以后，白云母的接触角也维持在 90°左右。

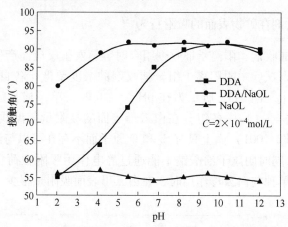

图 5-16 溶液 pH 对与捕收剂作用后白云母表面接触角的影响

5.5.2 组合捕收剂对矿物表面电荷的影响

图 5-17 所示为白云母为单一捕收剂及组合捕收剂溶液中的动电位与 pH 的关系曲线。从图 5-17 中可以看出，由于阴离子捕收剂油酸钠在白云母表面吸附较弱，所以经过油酸钠作用后的白云母表面动电位变化趋势与在纯水中白云母的动电位变化趋势类似，均是随着 pH 的升高而降低；在阳离子捕收剂十二胺作用后，在所研究的 pH 范围内，白云母表面动电位整体上移，说明阳离子捕收剂十二胺通过静电作用吸附在荷负电的白云母表面，中和了部分白云母表面的负电荷，使白云母表面电位向正向移动。在组合捕收剂十二胺/油酸钠的作用下，白云母也整体上正向偏移，但偏移程度没有阳离子捕收剂单独作用时大，说明在组合捕收剂中，阳离子十二胺和阴离子油酸钠组分以适当组合方式吸附在云母表面。

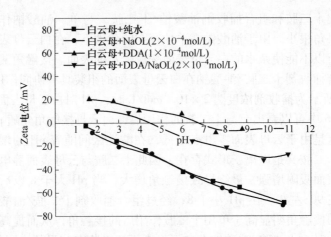

图 5-17 白云母在捕收剂溶液中的动电位与 pH 的关系

5.5.3 组合捕收剂在矿物表面的吸附行为

因为阴离子捕收剂和阳离子捕收剂组合时容易发生反应而产生沉淀，从而影响实验结果，所以试验中阴阳离子组合捕收剂的浓度要低于各自的 *CMC* 值，从而减少絮团的产生。图 5-18 所示为在 pH 为 7.0 时，单一捕收剂及组合捕收剂（油酸钠∶十二胺 = 3∶1）中各组分在白云母表面的吸附量等温线。由图 5-18 可知，因为在白云母（001）面上只有 Si 和 O 原子而不存在可以与油酸钠形成化学吸附的 Al 原子，同时阴离子油酸钠不能通过静电作用吸附在荷负电的白云母表面，所以油酸钠单独与白云母作用时，在白云母表面吸附量很少。在十二胺的吸

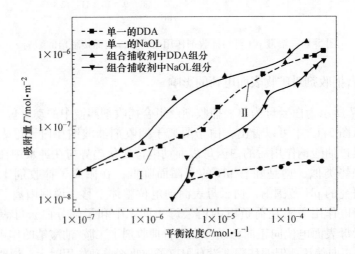

图 5-18 单一捕收剂及组合捕收剂中各组分在白云母表面的吸附量等温线

附量曲线中，出现了2个特征吸附阶段。这2个特征阶段与阳离子表面活性剂在低浓度情况下，在荷负电的氧化矿表面吸附时出现的4个特征阶段的前两个一致[18,19]。同时可以看出，组合捕收剂中，各组分油酸钠和十二胺在白云母表面的吸附量比它们单独分别与白云母作用时要大，说明在组合捕收剂中存在协同吸附作用，即阴阳离子组合捕收剂通过适当组装方式促进彼此在白云母表面的吸附。这种阴阳离子之间的组装吸附不仅降低了相同分子之间的静电斥力，而且2种异电性分子间的强静电引力使表面活性剂之间的距离缩短，从而在单位面积上排布更多的药剂分子。

5.5.4 组合捕收剂与矿物表面相互作用能的模拟计算

根据第4章4.4节分子动力学模拟方法和力场，分别计算了单一捕收剂油酸钠、十二胺和组合捕收剂油酸钠/十二胺在白云母（001）面相互作用能，如图5-19所示。模拟结果显示，单一捕收剂与组合捕收剂在云母（001）面上的相互作用能（–kcal/mol）大小顺序为：油酸钠/十二胺 > 十二胺 > 油酸钠，分子动力学模拟结果与浮选结果具有很好的一致性。由于云母（001）面没有可以与油酸钠作用的 Al 原子，所以油酸钠与云母（001）相互作用能明显低于于其他两者。单一十二胺与油酸钠分别与云母（001）面相互作用能的之和为 –306.60kcal/mol，而组合捕收剂与云母（001）面相互作用能为 –374.36kcal/mol，说明油酸钠与十二胺之间的组装协同作用具有"1+1>2"的效应。

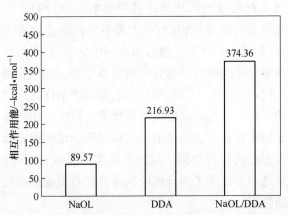

图 5-19 不同捕收剂在云母（001）面的相互作用能的对比

5.6 本章小结

本章系统研究了阴阳离子组合捕收剂与伟晶岩型铝硅酸盐矿物的界面作用。通过对阴阳离子组合捕收剂表面性质以及在气-液界面上的协同作用的研究，揭示了阴阳离子组合捕收剂的捕收性能优越于单一捕收剂的根本原因；通过对阴阳离子组合捕收剂浮选溶液化学及其对矿物表面电位的影响，查明了阴阳离子组合捕收剂与锂辉石和钠长石选择性作用的机理；最后通过接触角测试、动电位测定、吸附量测定及分子动力学模拟等一系列微观分析测试手段深层次研究了阴阳离子组合捕收剂在白云母界面上的组装协同作用机制。结论如下：

（1）组合捕收剂油酸钠/十二胺比单一捕收剂具有更加优越的表面性质。当 $\alpha_{DDA} = 0.5$ 时，组合捕收剂中阴阳离子之间的静电引力最大，此时 Γ_{max} 值最大而 A_{min} 值最小。当 $\alpha_{DDA} = 0.5$ 时，协同作用指数 β^m 和 β^σ 均取得最小值，说明十二胺和油酸钠等摩尔组合时，胶团中的阴阳离子相互作用最强。不同摩尔比混合的混合捕收剂均满足 $|\beta^m| > |\ln(C_1^m/C_2^m)|$ 条件，进一步证实组合捕收剂在气-液界面上组装的正协同效应。

（2）阴阳离子组合捕收剂油酸钠/十二胺在浮选伟晶岩型铝硅酸盐矿物的性能上优于单一捕收剂油酸钠和十二胺。当油酸钠：十二胺的混合摩尔比 = 3:1 时，组合捕收剂对白云母的浮选效果最好。同时，组合捕收剂在浮选分离锂辉石和长石方面表现出一定的选择性，当油酸钠与十二胺混合的摩尔比为 6:1 ~ 10:1 时，对锂辉石浮选效果很好，而对长石浮选效果不好。阴阳离子组合捕收剂不同混合摩尔比是重要的特征参数，混合摩尔比不同对不同矿物表现出不同的浮选性能和选择性。

（3）对组合捕收剂溶液进行化学计算及动电位分析的研究表明，组合捕收剂在溶液中的存在形态与溶液的 pH 有很大关系，在浮选分离的适宜 pH = 8.5 左右以离子-分子络合物的形式存在。组合捕收剂中离子-分子缔合物对锂辉石和钠长石具有选择性吸附，是选择性浮选分离的根本原因。在组合捕收剂溶液中，锂辉石和长石的动电位均处于与十二胺作用后及与油酸钠作用后的动电位之间，说明组合捕收剂中的 2 种组分在矿物表面均有吸附。而组合捕收剂使锂辉石表面动电位负移程度明显强于使长石表面动电位负移程度，说明组合捕收剂在锂辉石表面的吸附量明显大于在钠长石表面，从而可以实现锂辉石和长石的选择性分离。红外光谱分析结果进一步证实了组合捕收剂在锂辉石表面的强吸附作用，而在长石表面仅有微弱的吸附。

（4）采用微观分析测试技术及分子动力学模拟系统研究了组合捕收剂中油酸钠与十二胺之间组装协同机制，从矿物表面润湿性、电荷性及吸附性等方面揭示了组合捕收剂在白云母矿物表面通过适当组装方式可达到"1 + 1 > 2"的协同效应。阴阳离子之间的组装吸附不仅降低了相同分子之间的静电斥力，而且 2 种异电性分子间的强静电引力使捕收剂之间的距离缩短，从而在单位面积上排布更多的药剂分子。

参 考 文 献

［1］ Chen L, Xiao J X, Ruan K, et al. Homogeneous solutions of equimolar mixed cationic-anionic surfactants ［J］. Langmuir, 2002, 18 (20): 7250~7252.

［2］ Zhao S, Zhu H, Li X, et al. Interaction of novel anionic gemini surfactants with cetyltrimethyl-ammonium bromide ［J］. Journal of colloid and interface science, 2010, 350 (2): 480~485.

［3］ Wang X, Wang R, Zheng Y, et al. Interaction between zwitterionic surface activity ionic liquid and anionic surfactant: Na^+ - driven wormlike micelles ［J］. The Journal of Physical Chemistry B, 2013, 117 (6): 1886~1895.

［4］ Sohrabi B, Gharibi H, Tajik B, et al. Molecular interactions of cationic and anionic surfactants in mixed monolayers and aggregates ［J］. The Journal of Physical Chemistry B, 2008, 112 (47): 14869~14876.

［5］ Sharma K S, Rodgers C, Palepu R M, et al. Studies of mixed surfactant solutions of cationic dimeric (gemini) surfactant with nonionic surfactant C 12 E 6 in aqueous medium ［J］. Journal of Colloid and Interface Science, 2003, 268 (2): 482~488.

［6］ Wang R, Li Y, Li Y. Interaction between cationic and anionic surfactants: detergency and foaming properties of mixed systems ［J］. Journal of Surfactants and Detergents, 2014, 17 (5): 881~888.

［7］ Rosen M J, Kunjappu J T. Surfactants and interfacial phenomena ［M］. John Wiley & Sons, 2012.

［8］ Holland P M, Rubingh D N. Mixed surfactant systems ［M］. Washington, DC: American Chemical Society, 1992.

［9］ Hao L S, Deng Y T, Zhou L S, et al. Mixed micellization and the dissociated margules model for cationic/anionic surfactant systems ［J］. The Journal of Physical Chemistry B, 2012, 116 (17): 5213~5225.

［10］ 于福顺, 王毓华. 锂辉石矿浮选理论与实践 ［M］. 长沙: 中南大学出版社, 2015.

［11］ Pugh R J. The role of the solution chemistry of dodecylamine and oleic acid collectors in the flotation of fluorite ［J］. Colloids and Surfaces, 1986, 18 (1): 19~41.

［12］ Valdiviezo E, Oliveira J F. Synergism in aqueous solutions of surfactant mixtures and its effect on the hydrophobicity of mineral surfaces ［J］. Minerals Engineering, 1993, 6 (6): 655~661.

［13］ 王淀佐, 胡岳华. 浮选溶液化学 ［M］. 长沙: 湖南科学技术出版社, 1988.

［14］ Vidyadhar A, Hanumantha R K, Bhagat R P. Adsorption mechanism of mixed cationic/anionic collectors in feldspar- quartz flotation system ［J］. Journal of Colloid and Interface Science, 2007, 306 (2): 195~204.

［15］ Vidyadhar A, Rao K H, Chernyshova I V. Mechanisms of amine-feldspar interaction in the absence and presence of alcohols studied by spectroscopic methods ［J］. Colloids and Surfaces A:

Physicochemical and Engineering Aspects, 2003, 214 (1~3): 127~142.

[16] Vidyadhar A, Rao K H, Chernyshova I V, et al. Mechanisms of Amine-Quartz Interaction in the Absence and Presence of Alcohols Studied by Spectroscopic Methods [J]. Journal of Colloid and Interface Science, 2002, 256 (1): 59~72.

[17] Kou J, Tao D, Xu G. A study of adsorption of dodecylamine on quartz surface using quartz crystal microbalance with dissipation [J]. Colloids and Surfaces A: Physicochemical and Engineering Aspects, 2010, 368 (1~3): 75~83.

[18] Tabor R F, Eastoe J, Dowding P J. A two-step model for surfactant adsorption at solid surfaces [J]. Journal of Colloid and Interface Science, 2010, 346 (2): 424~428.

[19] Atkin R, Craig V S J, Wanless E J, et al. Mechanism of cationic surfactant adsorption at the solid-aqueous interface [J]. Advances in colloid and interface science, 2003, 103 (3): 219~304.

6 川西伟晶岩型锂辉石矿强化浮选分离工艺试验研究

川西地区有著名的伟晶岩矿脉，其形成了大型、特大型锂矿床，如康定甲基卡锂铍矿和马尔康地区锂矿等，该地区的矿石氧化锂金属总量达近 200 万吨，占全国矿石锂资源总量的 60% 以上，位居全国第一。但由于该稀有金属共伴生矿石成分复杂，主要有用矿物为锂辉石，共伴生有绿柱石（铍）和钽铌铁矿，主要脉石矿物有长石、石英和云母等；原矿风化严重、含泥多，锂辉石和其他脉石矿物表面性质相似，浮选分离困难，回收率长期徘徊在 73% 左右，且品位只有 5%，低于国内平均回收率 80%、品位 6% 的水平，而且长石一直以来没有得到回收利用。

针对川西伟晶岩型锂辉石矿开发利用存在的问题，本章以川西甘孜州甲基卡锂辉石矿为研究对象，基于前文选择性磨矿和阴阳离子组合捕收剂相关成果的基础上，开展对川西伟晶岩型锂辉石矿的工艺矿物学研究、选择性磨矿试验和阶段磨矿阶段选别的工艺流程试验，以期通过浮选综合回收云母、锂辉石和长石，使该类资源得到高效综合利用。

6.1 川西伟晶岩型锂辉石矿工艺矿物学特性

矿石的工艺矿物学主要包括化学成分分析、矿物种类及含量、矿物的嵌布特征等方面的信息。其任务主要是通过对矿石中元素或矿物的状态和性质的系统研究，阐明其行为规律，指导后续选矿试验研究。

6.1.1 矿石的化学成分

为了确定矿石中元素分布情况，在样品破碎、混匀后，首先缩分出综合样，并进行 X 射线荧光光谱全元素分析，结果见表 6-1。

表 6-1 原矿 X 荧光光谱分析结果

元素	Nb	Ta	Sn	Li	SiO_2	MgO	Al_2O_3	Fe_2O_3	SO_3	P_2O_5	CaO
含量/%	0.01	0.003	0.034	—	69.246	0.096	17.88	0.711	0.115	0.545	0.998

元素	K_2O	Na_2O	MnO	As	Rb	Cs	Ga	Zr	Ba	Sr	Zn
含量/%	3.058	6.55	0.188	0.001	0.144	0.036	0.005	0.003	0.014	0.004	0.021

矿石的多元素化学分析是以矿石综合样 X 射线荧光光谱全元素分析为依据，对矿石中主要元素锂、铝、钾、钠、铁、硅等，伟晶岩中可能共伴生铷、锡、铌、钽，有害杂质磷，以及其他含量较高的元素均进行了化学分析，结果见表6-2。

表6-2　原矿多元素化学分析结果

元素	Nb$_2$O$_5$	Ta$_2$O$_5$	Sn	Li$_2$O	BeO	SiO$_2$	TFe	CaO
含量/%	0.0115	0.0041	0.026	1.50	0.041	70.50	0.36	0.48
元素	K$_2$O	Na$_2$O	Rb	Cs	Ga	P	MgO	Al$_2$O$_3$
含量/%	2.16	3.74	0.10	0.01	0.0025	0.095	0.039	14.46

从原矿的多元素化学分析结果可以看出，矿石中可供工业利用的元素主要为锂，可综合回收的有价元素为铌、钽、锡等，共伴生的铍含量也相对比较低，通过前期选矿工艺发现浮选分离绿柱石有点困难。其他有害杂质铁、磷含量相对比较低。

6.1.2　矿石的矿物成分

矿石的 X 射线衍射分析（XRD）结果如图 6-1 所示。

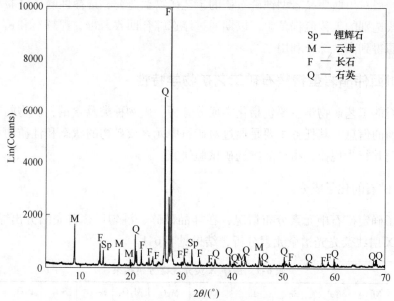

图 6-1　原矿的 XRD 图谱

经过对矿石标本薄片、砂薄片及砂样的显微镜观察研究，结合 XRD 分析结果，可以确定矿石中主要矿物为锂辉石，其次有少量的锂云母、锂绿泥石、锂角闪石。此外有微量的锡石、铌铁矿、铌钽铁矿、重钽铁矿可供综合利用。可以确定矿石中脉石矿物以长石类、石英为主，长石包括钠长石、钾长石；其次为云母类，包括白云母、黑云母；少量及微量矿物有绿泥石类、角闪石、电气石、褐铁矿、赤铁矿、钛铁矿、高岭石、锆石、磷灰石、绿柱石等矿物。为了计算矿石中各矿物含量，分别在实体镜下统计、制备砂片在显微镜下以线法逐粒统计，结果见表6-3。

表6-3　矿石中各矿物物相相对含量

矿物名称		含量/%	矿物名称	含量/%
锂辉石		20.5	云母类（白云母、黑云母等）	2.3
石英		31.0		
长石类	钠长石	34.1	绿泥石、角闪石、褐铁矿等	1.1
	钾长石	11.0	合计	100.0

6.1.3　矿石中主要矿物的工艺特征

6.1.3.1　锂辉石

锂辉石为本矿石样品中主要回收利用的矿物，含量占矿物总量的20.5%。在手标本中锂辉石呈浅绿色或浅灰色调，部分有不同程度污染，可见长达20～50mm长柱状的粗大锂辉石晶体，个别晶体长度大于100mm，断面多在2～5mm，长轴沿着大体一致的方向排列，局部有弯曲现象。

显微镜下，锂辉石微带绿色或无色，透明，晶体局部被暗褐色物质覆盖使透明度变差，突起较高。断面明显突起高，柱面突起较断面稍低。正交透光下干涉色鲜黄，斜消光，消光角22°～26°，正延长2V（＋），柱面和断面均可见双晶，有的标本薄片中，在锂辉石与长石交界的边缘上见蠕状或肋状的文象交生结构，长石边缘有多条平行排列的肋状锂辉石多晶集合体（图6-2）。柱面解理完全（图6-3），断面见典型的辉石型解理（图6-4），解理缝局部为铁镁质污染，柱面节理发育，裂纹多且弯曲，局部裂纹密集，碎裂结构明显。

锂辉石主要与长石、石英、云母毗邻相嵌，局部似被交代蚀变，有的蚀变强烈，使锂辉石呈残余状，亦可见锂辉石解理、裂隙为暗褐色铁镁质覆盖充填。在粗大的锂辉石柱状晶体中，常包含有长石、石英、云母等矿物包体。砂样中可见锂辉石的解理缝中夹着薄片状黑色或者浅褐色的铁锰质矿物。

锂辉石的粒度。本矿石样品为伟晶岩型锂辉石矿，普遍粒度粗大。同时有少量细粒花岗岩、细粒黑色混杂物，其中亦有少量细粒锂辉石。粗细两部分锂辉石粒度相差十分悬殊，粗大的柱状锂辉石晶体长度从几十毫米到上百毫米，横断面

图 6-2 巨大晶体锂辉石与长石毗邻相嵌

图 6-3 柱面解理发育完全的锂辉石与石英毗邻相嵌

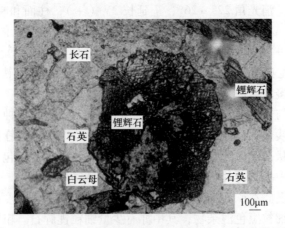

图 6-4 断面解理非常密集的锂辉石与长石、石英毗邻相嵌

0.6~6mm，但细粒者不足 0.05mm。同时锂辉石解理完全，加上节理、裂纹多，在破碎过程中易于解理，同时易使粗大的锂辉石晶体细粒化。

6.1.3.2　长石

长石是本矿石样品中最主要的脉石矿物，含量占矿石中矿物总量的45.1%，主要为钠长石以及钾长石。

钠长石：呈板状、柱状、粒状、微带色。镜下无色，透明，具卡氏双晶和聚片双晶的复合式双晶，折射率低，负突起，干涉色低（灰干涉色），二轴晶负光性，也可见二轴晶正光性的颗粒。粒度以中粗粒为主，见粗大的钠长石斑晶，常与石英、云母等组成花岗结构（图6-5）。

图6-5　长石与石英毗邻相嵌而构成花岗结构

钾长石：包括微斜长石和正长石，矿石样品标本上可见微带黄红色调的微斜长石粗大斑晶，隐约可见条纹状构造，解理一组完全，一组清楚，玻璃光泽，晶体粗大，晶粒边长多大于20mm。显微镜下无色透明，干涉色灰，二轴晶正光性（正光性钾长石较少见）；具似斑状结构、条纹状构造（图6-6），由于高岭石化使表面不洁，边界不整齐。另一部分微斜长石，出现在少部分标本薄片中，在显微镜下可见清楚的格子状双晶，且多为斜交格子状，并且常见的是不对称的格子状，一个晶带宽、粗；另一晶带相对较细（图6-7）。

处于基质（即细粒花岗岩相，含量少）中的中细粒正长石含量较少，双晶少见或见简单双晶，有的晶粒部分区域出现条纹，部分不具条纹。长石的粒度很不均匀，相差极大，粗者标本可见大于20mm，中等 1~1.5mm，细粒者0.15~0.4mm。在较粗的长石晶粒中可见云母、锆石、铌铁矿等矿物包体。

6.1.3.3　石英

石英在本矿石样品中是主要矿物之一，含量约31.0%，仅次于长石，高于锂

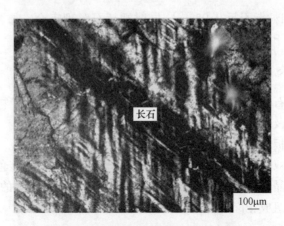

图6-6 具条纹状构造巨大的长石晶体

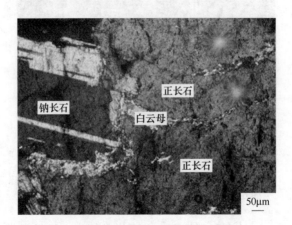

图6-7 具格子双晶的长石集合体中有云母包体

辉石，粒度较锂辉石、长石略细，分布非常普遍。

石英，粒状无色，或因铁、锰氧化构薄膜覆盖而带红棕色、红黄色，玻璃或油脂光泽。透光镜下无色，透明，表面干净。干涉色一级灰，一轴晶正光性，部分石英晶体具有波状消光。常与锂辉石、长石毗邻相嵌，可见石英颗粒裂缝中充填有网脉状、树枝状铁或锰氧化物（图6-8）。石英粒度普遍粗大，少量粒度细小，二者相差较大，粒度粗者5~2mm，细者0.1~0.6mm。

6.1.3.4 云母类

本矿石样品中云母类矿物以白云母为主，含少量黑云母、锂云母、铁云母。样品中云母总含量约占矿石中矿物总量的2.3%。白云母显微镜下无色，由于铁锰氧化物污染部分白云母微带色，片状，一组解理完全，多色性不显，干涉色二

图 6-8　石英裂隙中充填有铁锰氧化物

级、鲜艳但不均匀,二轴晶负光性,光轴角很小。

在矿石样品中,云母集合体多呈斑状、斑点状分布于长石、石英、锂辉石粒间;或与长石、石英构成花岗结构(图 6-5);也见少量的细粒云母鳞片充填在长石粒间,呈细脉状延伸;偶见云母以包体形式包裹于锂辉石、长石晶体中。在云母解理缝中可见充填有叶片状铁锰质氧化物。云母粒度,片径大者 1.5 ~ 2.1mm,一般 0.25 ~ 1.1mm,小者 0.1 ~ 0.06mm。

6.1.4　分析影响锂辉石回收的矿物学因素

(1)矿石中主要回收矿物为锂辉石,矿石中的锂绝大多数分布于锂辉石中。长石、云母及极微量的角闪石、绿泥石中也含有少许锂,但不会对锂的回收率造成明显影响。

(2)锂辉石普遍结晶粗大,边界清晰平滑,解理发育,易于解理。但仍有少量锂辉石粒度较细,同时由于锂辉石解理发育,在碎磨过程中粒度易于细化,因此应注意细粒级锂辉石的回收。

6.2　选择性磨矿试验

6.2.1　钢球配比制度的理论计算确定

根据段希祥教授用破碎力学原理和戴维斯等人的理论推导出的钢球直径半理论公式(6-1)[1,2]:

$$D_b = K_c \frac{0.5224}{\psi^2 - \psi^6} \sqrt[3]{\frac{\sigma_{压}}{10\rho_e D_0}} d \tag{6-1}$$

式中　D_b——特定磨矿条件下给矿粒度 d 所需的精确球径,cm;

K_c——综合经验修正系数;

ψ——磨机转速率，%，本实验取 80% ；

σ——岩矿单轴抗压强度， kg/cm^2 ，取 $1100kg/cm^2$ ；

ρ_e——钢球在矿浆中的有效密度， g/cm^3 ，其关系式为：

$$\rho_e = \rho - \rho_n , \rho_n = \frac{\rho_t}{R_d + \rho_t(1 - R_d)}$$

ρ——钢材密度，取 $7.8 g/cm^3$ ；

ρ_n——矿浆密度，取 $2.06 g/cm^3$ ；

ρ_t——矿石密度，取 $3.2 g/cm^3$ ；

R_d——磨机内磨矿浓度，%，取 75% ；

D_0——磨机内钢球"中间缩聚层"直径， $D_0 = 2R_0$ ， R_0 由以下公式求取：

$$R_0 = \sqrt{\frac{R_1^2 + R_2^2}{2}} = \sqrt{\frac{R_1^2 + (kR_1)^2}{2}} = R_1 \sqrt{\frac{1 + k^2}{2}}$$

结合锂辉石矿原矿性质及试验室 XMBϕ240×90mm 锥形球磨机实际情况，及入磨原矿的全粒级筛析结果（表6-4），按粒级含量将数值代入式（6-1），可分别计算初装球的钢球直径及钢球比例，结果见表6-5。

表6-4 入磨原矿全粒级筛析结果

粒度/mm	产率/%		Li₂O 品位/%	金属分布率/%	
	按粒级	累 积		按粒级	累 积
3	5.2	7.2	1.08	3.74	3.74
-3.000 +2.000	9.51	14.71	1.27	8.04	11.78
-2.000 +1.000	23.25	37.96	1.51	23.36	35.13
-1.000 +0.800	5.58	43.54	1.63	6.05	41.19
-0.800 +0.630	6.72	50.26	1.68	7.51	48.70
-0.630 +0.450	7.59	57.85	1.65	8.33	57.03
-0.450 +0.350	3.57	61.42	1.62	3.85	60.88
-0.350 +0.220	4.37	65.79	1.61	4.68	65.56
-0.220 +0.150	6.48	72.27	1.60	6.90	72.46
-0.150 +0.100	4.71	76.98	1.54	4.83	77.28
-0.100 +0.074	4.28	81.26	1.52	4.33	81.61
-0.074 +0.045	4.82	86.08	1.49	4.78	86.39
-0.045 +0.038	6.91	92.99	1.48	6.80	93.19
-0.038	7.01	100	1.46	6.81	100.00
合 计	100	200	1.50	100.00	100

表 6-5 理论计算钢球直径及钢球配比

原矿粒级/mm	产率/%	计算的钢球直径 D_b/mm	调整球径/mm	钢球比例/%
−3.00+2.00	10.51	34	35	10.51
−2.00+1.00	26.25	28	30	26.25
−1.00+0.60	16.30	24	25	16.30
−0.60+0.30	11.0	16	15	11.0
−0.30+0.15	15.0	11	10	15.0
−0.15+0.075	9.18	8	10	9.18

由表 6-5 可知，该球磨机初装比为 $\phi35mm : \phi30mm : \phi25mm : \phi15mm : \phi10mm = 10.51 : 26.25 : 16.30 : 11.0 : 24.18$，根据以上计算的钢球直径及破碎的不稳定性，结合选择性磨矿球径太小容易过粉碎，确定该磨机的充填率为 30% 以及磨矿的球径比定为 $35mm : 30mm : 25mm : 15mm \approx 2 : 5 : 3 : 7$。

6.2.2 磨矿时间的确定

第 4 章不同粒级锂辉石浮选行为试验结果表明，−0.074+0.038mm 粒级是锂辉石最优浮选粒级区间，为此，本选择性磨矿试验重点考查该粒级的变化规律。球磨机中加 −3mm 矿样 500g，磨矿浓度 75%，磨机钢球充填率为 40%，钢球配比为 $35mm : 30mm : 25mm : 15mm = 2 : 5 : 3 : 7$。磨矿产品中 −0.074mm 和 −0.074+0.038mm 粒级含量随磨矿时间的变化结果如图 6-9 所示。

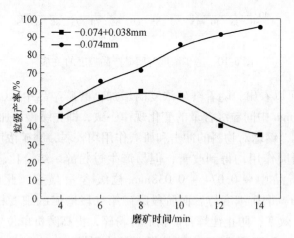

图 6-9 磨矿时间与磨矿产品粒度的关系

图 6-9 的结果表明，随着磨矿时间的增加，磨矿产品中 −0.074mm 粒级含量逐渐增多，最终随着磨矿时间进一步增加而趋向于 100%。−0.074 +0.038mm 曲线呈凸形，即次粒级含量随磨矿时间增加而先增加，达到一定最大值后又逐渐降低。由表 6-4 可知，入磨原矿中 −0.074 +0.038mm 粒级含量为 11.73%。随着磨矿时间的增加，入磨物料的粗粒级被磨细进入中间粒级和细粒级，而中间粒级则被磨细进入细粒级。因此，在达到锂辉石矿物解理的前提下，应尽可能降低磨矿细度，保证中间粒级 −0.074 +0.038mm 含量最大。同时可看出，在试验室磨矿条件下，磨矿 8.0min 左右时，中间粒级 −0.074 +0.038mm 的含量达到最大，此时磨矿细度为 −0.074mm 70%，由工艺矿物学分析可知此时锂辉石矿物已基本达到单体解理。

6.2.3　磨矿浓度的确定

确定磨矿时间为 8.0min，在钢球充填率和钢球配比不变的前提下，考查了不同磨矿浓度对磨矿产品粒度的影响，试验结果如图 6-10 所示。

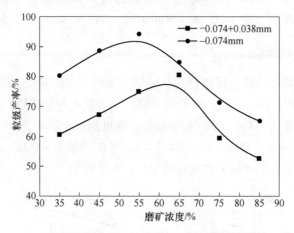

图 6-10　磨矿浓度与磨矿产品粒度的关系

由图 6-10 可以看出，随着磨矿浓度的增加，磨矿产品中 −0.074mm 粒级和 −0.074 +0.038mm 中间粒级含量的变化规律一致，即先缓慢增加，后逐渐下降。磨矿浓度较低时，钢球对物料的冲击和研磨作用均较弱，磨矿浓度高时，钢球对物料的冲击和研磨作用均得到改善，但易产生过粉碎。综合比较，磨矿浓度为 65% 时，磨矿产品中 −0.074 +0.038mm 粒级含量最多，此时磨矿细度为 −0.074mm 85%。磨矿细度与后面阶段磨矿第二段磨矿的细度相对应。所以为保证较好的磨矿效率，防止锂辉石矿物的过粉碎，提高磨机单位生产能力，同时保证磨矿产物中 −0.074 +0.038mm 粒级含量达到最大，本试验确定最佳的磨矿浓度为 65% 左右。

6.2.4 钢球充填率的确定

根据前面的磨矿试验结果，确定磨矿浓度为65%，钢球配比不变，通过改变钢球数量来调整磨机中钢球的充填率分别达到20%、25%、30%、35%，然后分别考查这4种不同充填率条件下，磨矿时间与磨矿产品粒度间的相互关系，试验结果如图6-11和图6-12所示。

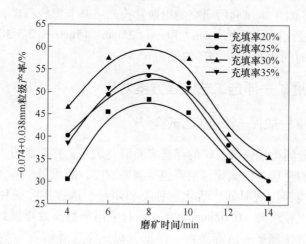

图6-11 不同充填率条件下磨矿时间与磨矿产品粒度的关系

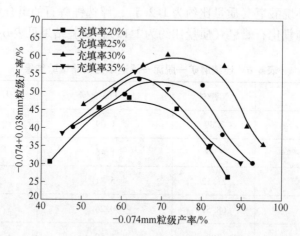

图6-12 不同充填率条件下磨矿产品 −0.074mm 产率与
−0.074 +0.038mm 产率的关系

从图6-11和图6-12中的结果可以看出，当钢球充填率过小时，矿石受到钢球的打击及研磨作用较弱，同时矿石受钢球打击和研磨的几率降低，导致磨矿作用降低、磨矿时间增大。当磨机充填率过大时，靠近磨机筒体中心的部分钢球由于远离筒壁而很少做抛落运动，磨矿的冲击作用较弱，有用功率降低，单位磨矿功耗增加（如35%充填率）。相同磨矿时间下，磨矿产物中 $-0.074+0.038mm$ 粒级含量大小顺序为：30% > 25% > 35% > 20%。考虑在磨矿细度达到 $-0.074mm$ 70%时，锂辉石即可达到较好的单体解理，此磨矿细度条件下，钢球充填率为30%时，在最短的时间内可达到要求的磨矿细度，同时 $-0.074+0.038mm$ 粒级含量也相对最大，因此确定30%为球磨机最佳的充填率。

综上所述，对于本试验所研究的川西甘孜州甲基卡锂辉石矿，最优的磨矿条件为：钢球球径配比制度为 $35mm:30mm:25mm:15mm \approx 2:5:3:7$，钢球充填率为30%，磨矿时间为8min，磨矿浓度为65%。

6.3 锂辉石磨矿—浮选工艺流程方案对比

6.3.1 连续磨矿—脱泥—浮选工艺试验

参考大部分同类型锂辉石矿的浮选实验研究成果，并在矿石工艺矿物学基础上进行了详细的浮选条件试验，主要包括磨矿细度、脱泥量、Na_2CO_3 和 NaOH 加药点和用量及搅拌擦洗时间、活化剂种类和用量、选锂捕收剂种类及用量配比等，确定出脱泥粒级为 $-0.02mm$ 为宜；同时采用新型高效浮锂组合捕收剂 SX，完成了"一次连续磨矿—沉降脱泥—浮选云母—浮选锂辉石"的工艺流程闭路试验，试验流程及条件如图6-13所示，其中浮选云母的组合捕收剂 MOD 主要成分为十二胺和环烷酸皂（质量比约为1:2.5），浮选锂辉石的组合捕收剂 SX 主要成分为十二胺和氧化石蜡皂（质量比约为1:12），试验结果见表6-6。

表6-6 连续磨矿—脱泥—浮选工艺闭路试验结果

产品名称	产率/%	Li_2O 品位/%	Li_2O 回收率/%
泥	3.89	1.09	2.83
云 母	5.48	1.48	5.53
锂精矿	21.12	5.81	79.52
尾 矿	68.51	0.26	11.88
原 矿	100	1.50	100.00

连续磨矿—脱泥—浮选工艺闭路试验结果表明，采用沉降脱泥效果较佳，氧化锂的损失率尚可，但云母中损失了5.53%的氧化锂；通过一粗三精一扫浮选流程可获得 Li_2O 品位5.81%、回收率79.52%的锂精矿，该工艺流程简单合理，在现场现普遍采用此流程。

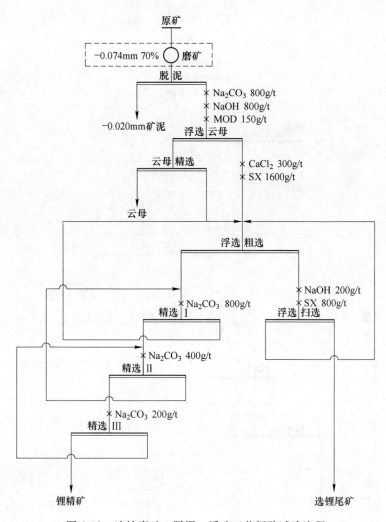

图 6-13　连续磨矿—脱泥—浮选工艺闭路试验流程

6.3.2　一段磨矿—粗粒浮选云母—尾矿再磨—脱泥—浮选锂辉石工艺试验

　　通过上面一次磨浮选工艺发现最终云母精矿中损失的氧化锂较多，而原矿中含有大量的片状云母等杂质矿物，云母密度小，呈片状结构，在磨矿过程中难磨细且分级时易伴随细粒矿物产出而影响选别过程，故设想可在较粗粒级下分离出几何尺寸相对较粗的云母，所以本工艺采用一段磨矿—粗粒浮选云母，然后尾矿再磨—脱泥—浮选锂辉石工艺流程，试验流程及条件如图 6-14 所示，试验结果见表6-7。

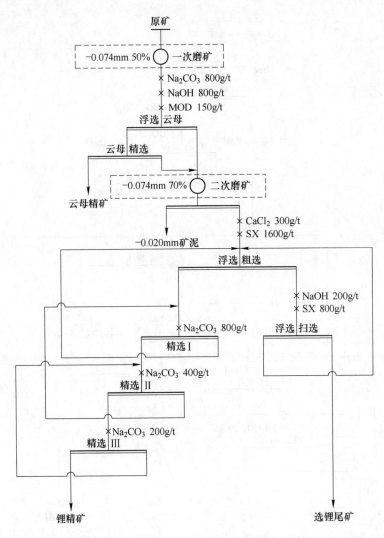

图 6-14 一段磨矿—粗粒浮选云母—尾矿再磨—脱泥—浮选锂辉石工艺闭路试验流程

表 6-7 一段磨矿—粗粒浮选云母—尾矿再磨—脱泥—浮选锂辉石工艺闭路试验结果

产品名称	产率/%	Li_2O 品位/%	Li_2O 回收率/%
云 母	8.56	0.41	3.67
矿 泥	3.04	1.12	2.27
锂精矿	21.01	6.01	84.18
尾 矿	67.39	0.22	9.88
原 矿	100	1.50	100.00

表6-7闭路流程试验结果表明，粗粒浮选云母获得的云母精矿产率提高了，而且损失的 Li_2O 少了近2%，将粗粒浮选云母的尾矿细磨至 -0.074mm 70%后选别锂辉石，也是采用一粗三精一扫浮选流程，浮选效率较6.3.1 小节中一次磨浮选工艺提高，锂精矿 Li_2O 品位可以达到6.01%，回收率提高到84.18%。

6.3.3 一段磨矿—脱泥—浮选云母—锂辉石粗选—粗精矿再磨精选工艺试验

通过6.3.2 小节可知云母等杂质矿物在较粗粒度下即可分离，同时锂辉石单体解理细度粗，根据前面理论研究，粗粒锂辉石浮选效果更好，同时考虑到生产节能的需求，进行阶段磨选流程试验，所以本工艺采用一段磨矿—脱泥—浮选云母—锂辉石粗选—粗精矿再磨精选工艺试验，试验流程及条件如图6-15所示，试验结果见表6-8。

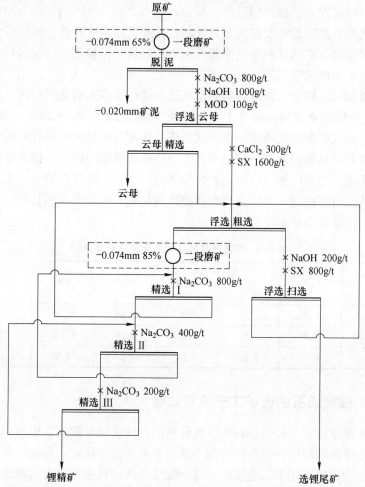

图6-15 一段磨矿—脱泥—浮选云母—锂辉石粗选—粗精矿再磨精选工艺闭路试验流程

表6-8 一段磨矿—脱泥—浮选云母—锂辉石粗选—粗精矿再磨精选工艺闭路试验结果

产品名称	产率/%	Li$_2$O 品位/%	Li$_2$O 回收率/%
矿 泥	2.13	1.09	1.55
云 母	5.26	0.86	3.01
锂精矿	21.14	6.20	87.34
尾 矿	71.51	0.17	8.10
原 矿	100.04	1.50	100.00

表6-8闭路流程试验结果表明，当一段磨矿的磨矿细度为 -0.074mm 65%时，矿泥量减少，同时云母精矿损失的 Li$_2$O 量也比较少。二段磨矿在锂辉石粗选后精矿再磨，再磨量很少，大大地节约了能源和成本；同时粗精矿再磨后经三次精选后锂精矿浮选指标达到最好，品位高达 6.20%，回收率为 87.34%。在后续浮选回收长石的实验中发现再磨后对回收长石指标也有好处。所以针对川西甘孜州甲基卡锂辉石矿的浮锂工艺推荐采用"一段磨矿—脱泥—浮选云母—锂辉石粗选—粗精矿再磨精选工艺"的方案。

对获得的云母精矿、锂辉石精矿及其尾矿进行了多元素化学分析，分析结果见表6-9。分析结果表明，云母主要化学成分满足 JS/T 467—2004《绢云母粉》要求，但其相关物理性能需进一步测试分析。锂辉石满足化工锂辉石质量标准要求，但如需获得低铁锂辉石，则应考虑进一步磁选或酸浸除铁。锂辉石浮选尾矿中主要化学成分为 SiO$_2$ 和 Al$_2$O$_3$，此外 Na$_2$O 和 K$_2$O 含量为7.37%，主要矿物为长石和石英，可考虑进一步浮选分离而获得满足相关质量要求的长石，从而实现川西伟晶岩型锂辉石矿的综合利用。

表6-9 浮选产品的化学多元素分析结果 （%）

矿 物	Li$_2$O	Fe$_2$O$_3$	Na$_2$O	K$_2$O	SiO$_2$	Al$_2$O$_3$
云 母	0.86	1.29	0.45	8.04	51.69	33.41
锂辉石	6.20	1.21	1.03	0.59	64.72	22.39
尾 矿	0.17	0.86	5.14	2.23	76.36	14.24

6.4 尾矿回收长石的选矿工艺流程试验

目前文献报道有关长石—石英浮选分离的方法主要有酸性、中性和碱性浮选三种。其中中性和碱性浮选条件苛刻，浮选指标不是很稳定，目前还停留在实验室阶段，很少成功应用于工业实践。对于酸性浮选，目前主要有硫酸法和氢氟酸法。通过前期探索发现硫酸法不能很好实现川西伟晶岩型锂辉石矿浮锂尾矿中长石和石英的分离。所以本实验采用氢氟酸法，即先用硫酸调整矿浆 pH 值至 3 左右，然后再加入氢氟酸调节 pH 值至 2 左右，最后再采用阴阳离子组合捕收剂浮选分离长石和石英。在长石活化剂氢氟酸及捕收剂确定的条件下进行了从锂辉石浮选尾矿中综合回收长石和石英的全流程试验，试验流程和条件如图 6-16 所示，其中组合捕收剂 MSD 主要成分为十二胺和石油磺酸钠（质量比约为 1:2），试验结果见表 6-10。

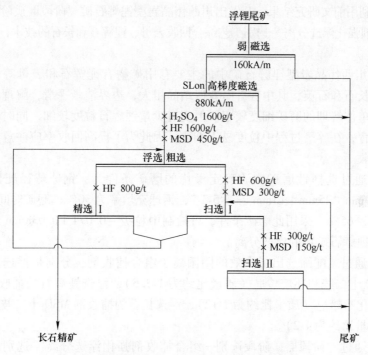

图 6-16 浮锂尾矿回收长石的选矿工艺流程

表 6-10 浮锂尾矿回收长石的选矿闭路流程试验结果

产品名称	产率/%	品位/%			$K_2O + Na_2O$		SiO_2	
		$K_2O + Na_2O$	Fe_2O_3	SiO_2	作业回收率/%	回收率/%	作业回收率/%	回收率/%
长石精矿	55.79	11.33	0.21	69.21	85.77	61.33	50.57	36.16
尾 矿	44.21	2.37	1.68	85.38	14.23	10.18	49.43	35.35
给 矿	100.00	7.37	0.86	76.36	100.00	71.51	100.00	71.51

从表 6-10 试验结果可知，锂浮选尾矿通过弱磁—强磁除铁后，采用硫酸调浆到 pH≈3，然后用氢氟酸活化长石（pH 值调到约为 2），再用十二胺和石油磺酸钠组合捕收剂浮选长石，通过一粗一精两扫工艺流程，长石和石英得到了有效

的分离，可获得 $K_2O + Na_2O$ 含量为 11.33%，$K_2O + Na_2O$ 作业回收率为 85.77%，全流程 $K_2O + Na_2O$ 回收率达到 50.57%，Fe_2O_3 含量只为 0.21% 的长石精矿。同时，最终的尾矿全流程产率只为 71.51% × 0.4421 = 31.61%，尾矿产出量少，近 70% 的原矿都被回收作为最终的精矿产品。

6.5　本章小结

本章利用前文研究结果，开发出川西伟晶岩型锂辉石矿"阶段磨矿阶段选别—组合捕收剂强化浮选分离"选别工艺综合回收云母、锂辉石和长石的技术，得到以下结论：

（1）川西伟晶岩型锂辉石矿中的主要有用矿物有锂辉石和云母等，主要脉石矿物为长石和石英，其中锂辉石普遍结晶粗大，边界清晰平滑，解理发育，易于解理，单体解理的磨矿细度较粗。但仍有少量锂辉石粒度较细，同时由于锂辉石解理发育，在碎磨过程中粒度易于细化，因此为了提高回收率应注意细粒级锂辉石的回收。

（2）通过选择性磨矿实验确定最优的磨矿条件为：钢球球径配比制度为 35mm : 30mm : 25mm : 15mm ≈ 2:5:3:7，钢球充填率为 30%，磨矿时间为 8min，磨矿浓度为 65%。采用此磨矿条件，可控制中粒级 −0.074 +0.038mm 最大量产生，利于锂辉石矿物的浮选分离。

（4）通过复配筛选出了高效的阴阳离子组合捕收剂，分别是浮选云母的捕收剂 MOD 十二胺和环烷酸皂（质量比约为 1:2.5），浮选锂辉石的捕收剂 SX 十二胺和氧化石蜡皂（质量比约为 1:12），浮选长石的捕收剂 MSD 十二胺和石油磺酸钠（质量比约为 1:2）。

（5）通过"阶段磨矿阶段选别—组合捕收剂强化浮选分离"选别工艺综合回收云母、锂辉石和长石的新技术，可分别获得产率为 5.26% 的云母精矿；Li_2O 品位高达 6.20%，Li_2O 回收率为 87.34% 的锂辉石精矿；$K_2O + Na_2O$ 含量为 11.33%，$K_2O + Na_2O$ 作业回收率为 85.77%，全流程 $K_2O + Na_2O$ 回收率达到 50.57%，Fe_2O_3 含量只为 0.21% 的长石精矿，实现了此类难选伟晶岩型锂辉石矿一定程度的综合利用，其选矿指标有显著提高，较目前现场选锂辉石厂 Li_2O 回收率提高了十几个百分点。

参 考 文 献

[1] 段希祥. 选择性磨矿及应用 [M]. 北京：冶金工业出版社，1991.
[2] 段希祥. 选择性磨矿的应用研究 [J]. 云南冶金（科学技术版），1990，19（3）：21~24.